光盘界面

案例欣赏

案例欣赏

素材欣赏

素材图片下载

第2章　　　第3章　　　第4章　　　第5章

花　　　花2　　　花3　　　花4

第2章

花5　　　荒漠　　　墙面　　　油漆刷

视频文件

第3章

汽车　　　汽车02　　　夕阳　　　热气球

XK01　　　XK02　　　背景　　　海星

第4章

孔雀羽　　　人物01

第5章

风景01　　　风景02　　　静物01　　　书

为照片添加相框

新年海报

突出翱翔的热气球

放大镜效果

给美女衣服换色

制作颓废的黑白照片

荷塘中的蝴蝶

Photoshop CS5 中文版图像处理标准教程

唯美的桃花

绘制梅花

街舞海报

逼真的水彩风景画

Photoshop CS5 中文版

图像处理 标准教程

■ 郝军启 唐有明 等编著

清华大学出版社

北　京

内 容 简 介

本书全面系统地介绍了 Photoshop CS5 的基本操作方法和图像处理技巧，包括图像处理基础知识、初识 Photoshop CS5、绘制和编辑选区、绘制图像、修饰图像、编辑图像、绘制图形及路径、调整图像的色彩和色调、图层的应用、应用文字与蒙版、使用通道与滤镜、动画以及 3D 对象等内容。本书图文并茂，实例丰富，配书光盘中提供了大容量的语音视频教程和实例素材图以及效果图。

本书面向高校相关专业和 Photoshop 培训课程编写，也可以作为图像处理、数码设计等行业人员学习 Photoshop CS5 的参考资料。

图书在版编目（CIP）数据

Photoshop CS5 中文版图像处理标准教程 / 郝军启等编著. —北京：清华大学出版社，2011.11

ISBN 978-7-302-26313-5

Ⅰ. ①P…　Ⅱ. ①郝…　Ⅲ. ①图像处理软件，Photoshop CS5 – 教材　Ⅳ. ①TP391.41

中国版本图书馆 CIP 数据核字（2011）第 149908 号

责任编辑：冯志强
责任校对：徐俊伟
责任印制：杨　艳

出版发行：清华大学出版社		地　　址：北京清华大学学研大厦 A 座		
http://www.tup.com.cn		邮　　编：100084		
社　总　机：010-62770175		邮　　购：010-62786544		
投稿与读者服务：010-62795954，jsjjc@tup.tsinghua.edu.cn				
质　量　反　馈：010-62772015，zhiliang@tup.tsinghua.edu.cn				

印　装　者：清华大学印刷厂

经　　销：全国新华书店

开　　本：185×260　印　张：21　插　页：2　字　数：525 千字
　　　　　附光盘 1 张

版　　次：2011 年 11 月第 1 版　　印　　次：2011 年 11 月第 1 次印刷

印　　数：1～5000

定　　价：39.80 元

产品编号：043091-01

前　　言

Photoshop 软件被业界公认为是图形图像处理专家,也是全球性的专业图像编辑行业标准。随着 Photoshop 软件的不断升级,其功能越来越完善,应用领域也越来越广泛。Photoshop CS5 是在 CS4 的基础上增加新的功能,或者在原有的功能中增加新的选项,从而加强该功能应用,使新版的图像处理软件功能更加强大、全面,使得更多的用户投身于对该软件的学习与研究之中。

1．本书主要内容

本书内容共 13 章,具体内容如下。

第 1 章简要介绍位图处理的基本概念,以及 Photoshop 的应用领域、基本功能与新版本的新增功能、工作环境等,使用户掌握在新版本中的图像文件管理方法。

第 2 章详细讲解 Photoshop 中图像的基本操作,比如图像尺寸、颜色选取、复制与变形、旋转画布与视图等操作,使用户掌握简单图像效果的制作。

第 3 章介绍 Photoshop 中合成图像的基本功能——图层,了解图层的基本知识,比如创建与复制图层、图层组、智能图层、中性色图层。

第 4 章了解不同选区的不同创建方法,以及编辑、修饰各种选区的方法。其中,内容感知型填充是 Photoshop CS5 的新增功能。

第 5 章详细介绍图层高级应用——混合模式与图层样式,使用户掌握不同图层之间的混合方法,以及各种样式效果的设置方式。

第 6 章全面概述绘图工具、修复工具、特效工具、颜色工具、擦除工具,以及单色填充与渐变填充的使用方法,掌握通过工具修饰美化图像的方法。

第 7 章与第 8 章分别介绍路径与文本的创建、编辑以及应用的理论知识,其中文本能够依附路径创建出不同形式的文本效果。

第 9 章与第 10 章由简到难介绍色调校正、色彩改变、色相变换等各种调整图像色调的颜色命令,使用户通过不同的方式调整图像色调效果。

第 11 章详细讲解 Photoshop 中的高级应用——通道与蒙版,使用户掌握更多的局部图像提取的方式,以及非破坏性编辑图像的方法。

第 12 章简要概括 Photoshop 中的多种特效功能——滤镜、动画与 3D。通过该章节的学习,能够掌握各种艺术性效果的制作、过渡动画的制作,以及各种三维对象的制作方法。

第 13 章主要介绍在 Photoshop 中针对不同应用输出图像的知识,以及输出图像中用到的模式转换知识。

2．本书主要特色

❑ **课堂练习**　本书每一章都安排了丰富的课堂练习,以实例形式演示 Photoshop CS5 的操作知识,便于读者模仿学习操作,同时方便了教师组织授课内容。

❑ **彩色插图**　本书制作了大量精美的实例，网页设计效果，从而方便读者掌握 Photoshop CS5 的应用。

❑ **网站互动**　在网站上提供了扩展内容的资料链接，便于学生继续学习相关知识。

❑ **思考与练习**　复习题测试读者对本章所介绍内容的掌握程度；上机练习理论结合实际，引导学生提高上机操作能力。

3. 本书使用对象

本书由专业图像制作和设计人员执笔编写，内容详略得当，逻辑结构合理，图文并茂，实例丰富。在编写时充分考虑到了图形图像培训市场的需要，从内容到版式都精心设计，可以满足教师授课和学生需要。本书既可以作为高校相关专业的教材和 Photoshop CS5 的培训教程和自学教程，也可以作为图像制作和设计人员的参考资料。

参与本书编写的除了封面署名人员外，还有马海军、祁凯、孙江玮、田成军、刘俊杰、赵俊昌、王泽波、张银鹤、刘治国、何方、李海庆、王树兴、朱俊成、康显丽、崔群法、孙岩、倪宝童、王立新、王咏梅、辛爱军、牛小平、贾栓稳、赵元庆、郭磊、杨宁宁、郭晓俊、方宁、王黎、安征、亢凤林、李海峰等。由于时间仓促，水平有限，疏漏之处在所难免，欢迎读者朋友登录清华大学出版社的网站www.tup.com.cn与我们联系，帮助我们改进提高。

目　　录

第1章

Photoshop CS5 基础入门

　　Photoshop CS5 中文版是 Adobe 公司最新开发的数字图像编辑软件，是目前最流行的图像处理软件之一。它具有强大的图像编辑、制作、处理功能，操作简便实用，备受各行各业的青睐，广泛应用于平面设计、广告摄影、建筑效果图处理、网页设计、动画制作等领域。

　　为了制作出理想的平面效果图，首先要认识与了解图像理论的基础知识，以及Photoshop CS5 的工作环境，为应用 Photoshop 编辑和处理图像打下扎实的基础。

本章学习要点：

➢ 了解图像理论
➢ 了解颜色理论
➢ 熟悉 Photoshop CS5 的工作环境
➢ 了解文件的基本操作

1.1 图像处理的基本概念

要真正掌握和使用一个图像处理软件，不仅要掌握软件的操作，还要掌握图像和图形方面的知识，比如图像类型与图像格式等。只有掌握这些知识，在使用、编辑、存储图像的过程中，才能准确地选择合适的设置，才能够合理地创作与制作出高品质的作品。

1.1.1 位图和矢量图

计算机记录图像的方式包括两种：一种是通过数学方法记录图像内容，即矢量图；一种是用像素点阵方法记录，即位图。

1. 矢量图形

用矢量方法绘制出来的图形叫做矢量图形。矢量文件中的图形元素称为对象，每一个对象都是一个独立的实体，它具有大小、形状、颜色、轮廓等属性。由于每一个对象都是独立的，那么在移动或更改它们的属性时，就可维持对象原有的清晰度和弯曲度，并且不会影响到图形中其他的对象，如图 1-1 所示。

2. 位图图像

位图图像是由许多点组成的，这些点称为像素。当许许多多不同颜色的点组合在一起后便形成了一幅完整的图像，如图 1-2 所示为位图图像局部放大对比图。位图式图像在保存文件时，需要记录每一个图像的位置和色彩数据，因此图像像素越多，文件越大，处理速度也就越慢。但是由于能够记录下每一个点的数据信息，因而可以精确地记录色调丰富的图像，并且可以逼真地表现现实中的对象，达到照片般的品质。

图1-1　矢量图

> **提　示**
>
> Photoshop 属于位图式的图像处理软件，所以保存的图像均为位图式图像。

1.1.2 分辨率

分辨率是指单位长度内所含有的点（即像素）的多少。同一单位中的像素越多，那么图像会越清晰，文件越大，反之亦然。分辨

图1-2　位图

率包括图像分辨率、屏幕分辨率和输出分辨率等。

1．图像分辨率

图像分辨率就是每英寸图像含有多少个点或者像素，其单位为点/英寸（英寸缩写为 dpi）。例如 200dpi 表示该图像每英寸含有 200 个点或者像素，其中一个像素在 Photoshop 中放大到最大的效果，如图 1-3 所示。

图 1-3　像素单位大小

2．屏幕分辨率

屏幕分辨率是指打印灰度级图像或者分色所用的网屏上每英寸的点数，是用每英寸有多少行或者线数来测量的。显示器分辨率取决于显示器的像素设置，如图 1-4 所示为同一幅图像在不同显示器分辨率设置下的现实效果。

3．输出分辨率

输出分辨率是指激光打印机等输出设备在输出图像每英寸所产生的点数。不同的输出方式设置，图像分辨率也有所不同，铜版纸需要 300dpi，胶版纸需要 200dpi，新闻纸需要 150dpi，用于大幅喷绘时需要 100dpi。在相同尺寸的图像中，设置不同的分辨率，得到的印刷尺寸各不相同，如图 1-5 所示。

800×600 像素　　1024×768 像素

图 1-4　不同屏幕分辨率显示

1.1.3　图像格式

图像文件有很多存储格式，在实际工作中，由于用途不同，要使用的文件格式也是不一样的，比如适用于网络、出版印刷等，可以根据实际需要来选择图像文件格式，以便更有效地应用到实践当中。下面列举了关于图像文件格式的知识和一些常用图像格式的特点。

图 1-5　不同分辨率的印刷尺寸显示

❑ **PSD**

该格式是 Photoshop 自身默认生成的图像格式，它可以保存图层、通道和颜色模式，还可以保存具有调节层、文本层的图像，PSD 文件自动保留图像编辑的所有数据信息，便于进一步修改。

❑ **TIFF**

TIFF 格式是一种应用非常广泛的无损压缩图像格式，是用于在应用程序之间和计算机平台之间的交换文件，它的出现使得图像数据交换变得简单。TIFF 格式支持 RGB、CMYK 和灰度 3 种颜色模式，还支持使用通道、图层和裁切路径的功能，它可以将图像中裁切路径以外的部分在置入到排版软件中（如 PageMaker）时变为透明。

❑ **BMP**

BMP 图像文件是一种 MS-Windows 标准的点阵式图形文件格式，最早应用于微软公司推出的 Microsoft Windows 系统。BMP 格式支持 RGB、索引颜色、灰度和位图颜色模式，但是不支持 Alpha 通道，这种格式的特点是包含的图像信息较丰富，几乎不进行压缩，但占用磁盘空间较大。

❑ **JPEG**

JPEG 是目前所有格式中压缩率最高的格式，普遍用于图像显示和一些超文本文档中。JPEG 格式支持 CMYK、RGB 和灰度颜色模式，不支持 Alpha 通道。在压缩保存的过程中与 GIF 格式不同，JPEG 保留 RGB 图像中的所有颜色信息，以失真最小的方式去掉一些细微数据，因此印刷品最好不要用此图像格式。

❑ **GIF**

GIF 格式是 CompuServe 提供的一种图形格式，只是保存最多 256 色的 RGB 色阶数，它使用 LZW 压缩方式将文件压缩而不会占磁盘空间，因此 GIF 格式广泛应用于因特网HTML 网页文档中，或网络上的图片传输，但只能支持 8 位的图像文件。它还可以支持透明背景及动画格式。

❑ **PNG**

PNG 是一种新兴的网络图形格式，采用无损压缩的方式，与 JPG 格式类似，网页中有很多图片都是这种格式，压缩比高于 GIF，支持图像半透明，可以利用 Alpha 通道调节图像的透明度。它用于在网上进行无损压缩和显示图像，在网页中常用来保存背景透明和半透明的图片，是 Fireworks 默认的格式。

❑ **RAW**

RAW 是拍摄时从影像传感器得到的信号转换后，不经过其他处理而直接存储的影像文件格式。该格式的影像文件既没有将得到的信号进行加权平均化而得到色彩信息，也没有进行清晰度、反差、色相、饱和度以及色彩平衡调整。

❑ **PDF**

PDF 格式是应用于多个系统平台的一种电子出版物软件的文档格式，它可以包含位图和矢量图，还可以包含电子文档查找和导航功能。

❑ **EPS**

EPS 是一种包含位图和矢量图的混合图像格式，主要用于矢量图像和光栅图像的存储。EPS 格式可以保存一些类型信息，例如多色调曲线、Alpha 通道、分色、剪辑路径、挂网信息和色调曲线等，因此 EPS 格式常用于印刷或打印输出。

1.1.4 颜色理论知识

颜色可以激发人的感情，它产生的对比效果，使得图像显得更加生动。它能使一幅黯淡的图像明亮绚丽，使一幅本来毫无生气的图像充满活力。当颜色运用不正确的时候，表达的概念就不完整，图像就不能成功地表达它的信息。

色彩可分为无彩色和有彩色两大类，前者如黑、白、灰，后者如红、绿、蓝等。自然界的色彩虽然各不相同，但任何有彩色的色彩都具有色相、明度、纯度这三个基本属性，也称为色彩的三要素。

1．无彩色系

无彩色系包括白色、黑色或由白色与黑色互相调和形成的各种不同浓淡层次的灰色。如果将这些白色、黑色以及各种灰色按上白下黑成渐变规律地排列起来，可形成自由白色依次过渡到浅灰色、浅中灰色、中灰色、中深灰色、深灰色直至黑色的一个秩序系列，色彩学上称此秩序系列为黑白度系列。

黑白度又可称为明暗度或明度，故黑白度系列又称为明度系列。明度系列通常可有 8 个级差到 11 个级差，也可根据需要做到 18 个级差，甚至更多，各级差度应相等，形成等差系列。无彩色系中的色都无色相属性和纯杂属性，而只有明暗属性，如图 1-6 所示。

2．有彩色系

有彩色色系又简称彩色系，它指除彩色系以外的所有不同的明暗、纯杂、色相的颜色。这样明暗、纯杂和色相就成了有彩色系的三个最基本特征。在色彩学上，这三个基本特征又称为色彩的三要素。认识色彩的三要素对于学习色彩、表现色彩、运用色彩都极为重要。

❑ 图 1-6　无彩色系

❑ 色相

色相是指色的相貌，这个相貌是依据可见波的波长来决定的。波长给人眼的感觉不同，就会有不同的色相，最基本的色相是太阳光通过三棱镜分解出来的红、橙、黄、绿、蓝、紫这 6 个光谱色，如图 1-7 所示，其他各种色相都以这 6 个基本色相为基础。

❑ 明度

明度指颜色的明暗程度，或指颜色的深浅程度、颜色的含白含黑程度、颜色的亮暗程度等。在有彩色系中，各种颜色都有各自不同的明度，如将太阳光经过三棱镜分解出来的红、橙、黄、绿、蓝、紫放在一起作比较，其中黄

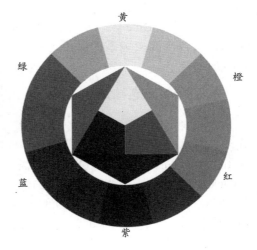

❑ 图 1-7　光谱色

色明度最高，橙色次之，绿色为中间明度，蓝色为较低明度，红色和紫色为最低明度，如图 1-8 所示。

❏ **纯度**

纯度指某色相纯色的含有程度或指光的波长单纯的程度，也有人称之为饱和度、鲜艳度、鲜度、艳度、彩度、含灰度等。纯度取决于该色中含色成分和消色成分（黑、白、灰）的比例，含色成分越大，纯度越大；消色成分越大，饱和度越小，也就是说，向任何一种色彩中加入黑、白、灰都会降低它的纯度，加的越多就降的越多，如图 1-9 所示。

图 1-8　明度效果

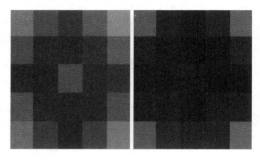

图 1-9　纯度效果

1.1.5 图像色彩模式

在数字化的图像中，图像的颜色可以由各种各样不同的基色来合成，这构成了颜色的多种合成方式，在 Photoshop 中称为颜色模式。下面将对几种常见的颜色模式进行介绍。

1．RGB 颜色模式

RGB 模式基于自然界中三原色的加色混合原理，通过对红（Red）、绿（Green）和蓝（Blue）3 种基色的各种值进行组合来改变像素的颜色，如图 1-10 所示。

2．CMYK 颜色模式

CMYK 颜色模式是一种印刷模式，其中四个字母分别指青（Cyan）、洋红（Magenta）、黄（Yellow）、黑（Black），在印刷中代表四种颜色的油

图 1-10　RGB 颜色

墨。CMYK 属于减色模式，由光线照到有不同比例 C、M、Y、K 油墨的纸上，部分光谱被吸收后，反射到人眼的光产生颜色。在混合成色时，随着 C、M、Y、K 四种成分的增多，反射到人眼的光会越来越少，光线的亮度会越来越低，如图 1-11 所示。

3．Lab 颜色模式

Lab 颜色是以一个亮度分量 L 及两个颜色分量 a 和 b 来表示颜色的。因此，Lab 模式也是由三个通道组成的，它的一个通道是亮度，即 L，取值范围是 0～100，另外两个

是色彩通道，用 a 和 b 表示，a 和 b 的取值范围均为−120～120，如图 1-12 所示。

图 1-11　CMYK 颜色　　　　　　　图 1-12　Lab 颜色

4．HSB 颜色模式

HSB 颜色模式是一种基于人直觉的颜色模式，使用该模式可以非常轻松地选择不同亮度的颜色。Photoshop 中不直接支持这种模式，只能在【颜色】调板和【拾色器】对话框中定义颜色。该模式有三个特征，H 代表色相，用于调整颜色，范围在 0～360 度；S 代表饱和度，即彩度，范围在 0（灰色）～100 度（纯色）；B 代表亮度，表示颜色的相对明暗程度，范围在 0（黑色）～100 度（白色），如图 1-13 所示。

图 1-13　HSB 颜色模式

1.2　认识 Photoshop CS5

Photoshop 软件作为专业的图像编辑工具，可以制作适用于打印、Web 和其他任何用途的最佳品质的图像。这些图像可以通过 Photoshop 中的各种工具与命令来完成，下面介绍 Photoshop CS5 的基本功能与新增功能。

1.2.1　Photoshop 的应用领域

Photoshop 以其强大的位图编辑功能，灵活的操作界面，开发式的结构，早已渗透到图像设计的各个领域，比如广告设计、建筑装潢、数码影像、网页美工和婚纱摄影等诸多行业，并且已经成为这些行业中不可或缺的一个组成部分。

1．广告设计

无论是平面广告、包装装潢，还是印刷制版，自从 Photoshop 诞生之日起，就引发

了这些行业的技术革命。Photoshop
中丰富而强大的功能，使设计师的各
种奇思妙想得以实现，使工作人员从
烦琐的手工拼贴操作中解放出来，如
图 1-14 所示。

2．数码照片处理

运用 Photoshop 可以针对照片问
题进行修饰和美化。它可以修复旧照
片，如边角缺损、裂痕、印刷网纹等，
使照片恢复原来的面貌；或者是美化
照片中的人物，比如去斑、去皱、改
善肤色等，使人物更完美，如图 1-15
所示。

图 1-14　广告作品

3．网页创作

互联网技术的飞速发展使得上
网冲浪、查阅资料、在线咨询或者学
习，已经成为人们生活的习惯和需

图 1-15　风景照片修饰

要。优秀的网站设计、精美的网页动画、恰当的色彩
搭配，能够带来更好的视听享受，为浏览者留下难忘
的印象，如图 1-16 所示。这一切得益于 Photoshop 的
强大网页制作功能，它在网页美工设计中起着不可替
代的作用。

4．插画绘制

在现代设计领域中，插画设计可以说是最具有表
现意味的。而插画作为现代设计的一种重要的视觉传
达形式，以其直观的形象性、真实的生活感和美的感
染力，在现代设计中占有特定的地位，并且许多表现
技法都是借鉴了绘画艺术的表现技法，如图 1-17
所示。

图 1-16　音乐网站设计

5．界面设计

界面设计是人与机器之间传递和交换信息的
媒介，而软件用户界面是指软件用于和用户交流的
外观、部件和程序等。软件界面的设计既要外观上
有创意以到达吸引眼球的目的，还要结合图形和版
面设计的相关原理，这样才能给人带来意外的惊喜
和视觉的冲击，如图 1-18 所示。

图 1-17　插画作品

1.2.2 Photoshop 的基本功能

Photoshop 支持几乎所有的图像格式和色彩模式，能够同时进行多图层处理。它的绘画功能与选取功能使编辑图像变得十分方便；图像变形功能可以用来制造特殊的视觉效果；增加的自动化操作，使用户在设计过程中大幅度地提高了工作效率。

1．图层功能

对 Photoshop 的图层进行有效地管理，可以为图像制作提供极大的方便。对于不同的元素，用户可以将其分配到不同的图层中，这样对单个元素进行修改而不会影响到其他元素。例如对图层进行合并、合成、翻转、复制和移动等操作；局部或者全部使用特殊效果；在不影响图像的同时，使用调整图层功能控制图层的色相、渐变和透明度等属性，如图 1-19 所示。

2．绘画功能

Photoshop 作为一款专业的图像处理软件，其绘画功能非常强大。通常情况下，在空白画布中，通过使用【钢笔工具】、【画笔工具】、【铅笔工具】、【自定形状工具】可以直接绘制图形，使用文字工具可以在图像中添加文本，或者进行不同形式的文本编排，图 1-20 所示为使用【钢笔工具】、【画笔工具】与填充工具等绘制出来的精绘图像。

3．选取功能

使用 Photoshop 中的规则选取工具、不规则选取工具与选取命令等，可以选择不同形状、不同尺寸选区，以及对选区进行移动、增减、变形、载入和保存等操作。如图 1-21 所示，为通过通道选取的花卉图像。

4．调色功能

Photoshop 中的各种颜色调整命令，可以根据不同的要求，或者设置色彩命令中的不同选项，调整不同效果的图像，比如将一幅图像的色调转换为另一种色调，或者是局部更改颜色等，如图 1-22 所示为转换整幅图

图 1-18　播放器设计

图 1-19　不同内容的【图层】面板

图 1-20　绘制的小提琴图像

像的色调。

图 1-21　选取图像

图 1-22　色调转换

5．变形功能

使用【自由变换】命令，可以将图像按固定的方向进行翻转和旋转，也可以按不同角度进行旋转，或者对图像进行拉伸、倾斜与自由变形等处理。图 1-23 所示是利用变形功能调整后的效果。

图 1-23　图像变形

1.2.3　Photoshop CS5 新增功能

在 Photoshop CS5 中，除了常用的基本功能外，还增加了一系列的新功能。该软件从工作界面的改变、复杂选区的建立、内容感知的填充、对图像元素的精确变形，到 HDR 成像与原始图像处理，功能均有所增加与改进。

1．内容感知型填充

在 Photoshop CS5 中，【填充】命令中的【内容识别】选项，能够删除任何图像细节或对象，并对内容感知型地完成剩下的填充工作。这一突破性的技术与光照、色调及噪声相结合，删除的内容看上去似乎本来就不存在，如图 1-24 所示。

2．操控变形

对任何图像元素进行精确的重新定位，创建出视觉上更具吸引力的照片。例如，轻松伸直一个弯曲角度不舒服的手臂。

3．出众的绘画效果

图 1-24　内容感知型填充

借助 Photoshop CS5 中的【混色器画笔】和毛刷笔尖，能够将照片轻松转变为绘图或创建独特的艺术效果，如图 1-26 所示。

4．自动镜头校正

Photoshop CS5 中的镜头扭曲、色差和晕影自动校正滤镜，使用图像文件的 EXIF 数据，根据使用的相机和镜头类型做出精确调整，可以消除照片中的桶状和枕状变形，照片周边暗角及边缘晕影等像差，如图 1-27 所示。

图 1-25 操控变形

图 1-26 绘制效果

图 1-27 镜头校正

1.2.4 Photoshop CS5 的工作环境

与以往版本工作界面所不同的是，Photoshop CS5 中全新的界面操作方式在工具条与调板布局上引入了全新的可伸缩的组合方式，使编辑操作更加方便、快捷。

1．Photoshop 工作界面

当启动 Photoshop CS5 后，打开如图 1-28 所示的 Photoshop 界面。发现该界面与之前的版本界面有所不同，在默认情况下，工具箱、工作区域与调板控制调板有其固定的位置，当然三者也可以成为浮动调板或者浮动窗口，其中主要由如表 1-1 所示的部分组成。

表 1-1 Photoshop 界面组成部分与其简介

区　域	简　介
工具箱	工具箱中列出了 Photoshop 常用的工具，单击工具按钮或者选择工具快捷键即可使用这些工具。对于存在子工具的工具组（在工具右下角有一个小三角标志说明该工具中有子工具）来说，只要在图标上右击或单击左键不放，就可以显示出该工具组中的所有工具
菜单栏	Photoshop 的菜单栏中包括 9 个菜单，分别是【文件】、【编辑】、【图像】、【图层】、【选择】、【滤镜】、【视图】、【窗口】和【帮助】。使用这些菜单中的菜单选项可以执行 Photoshop 中大部分的操作

区　　域	简　　介
调板控制调板	调板控制调板的功能很全面，主要用于基本操作的控制和进行参数的设置。在调板上单击右键有时还可以打开一些快捷菜单进行操作
选项栏	选项栏是从 Photoshop 6.0 版本开始出现的，用于设置工具箱中当前工具的参数。不同的工具所对应的工具栏也有所不同
标题栏	标题栏位于窗口的顶端。左侧显示 Adobe Photoshop 的图标和字样。右侧有程序窗口控制按钮，从左到右依次是【最小化】按钮　、【最大化】按钮　、【关闭】按钮　，这三个按钮是 Windows 窗口共有的
图像窗口	在打开一幅图像的时候就会出现图像窗口，它是显示和编辑图像的区域
状态栏	状态栏中显示的是当前操作的提示和当前图像的相关信息

图 1-28　**Photoshop CS5 界面**

2. 工具箱

　　工具箱是每一个设计者在编辑图像过程中必不可缺少的，工具箱在 Photoshop 界面的左侧，当单击并且拖动工具箱时，该工具箱成半透明状。Photoshop CS3 中的工具箱与之前版本相比，只有几个工具组位置有所改变，其中在【魔棒工具】组添加了一个新工具【快速选择工具】　。图 1-29 显示了所有的工具。表 1-2 列出了工具箱中所有工具的名称、快捷键以及功能介绍，以方便查看。

表 1-2　**工具箱中的各项工具与相应功能介绍**

图标	工具名称	快捷键	工具功能介绍
▶✛	移动工具	V	移动图层和选区内图像像素
⬚	矩形选框工具	M	创建矩形或者正方形选区

图标	工 具 名 称	快 捷 键	工 具 功 能 介 绍
	椭圆形选框工具	M	创建椭圆形或者正圆形选区
	单行选框工具		创建水平 1 像素选区
	单列选框工具		创建垂直 1 像素选区
	套索工具	L	根据拖动路径创建不规则选区
	多边形套索工具	L	连续单击点创建直边多边形选区
	磁性套索工具	L	根据图像边缘颜色创建选区
	魔棒工具	W	创建与单击点像素色彩相同或者近似的连续或者非连续的选区
	快速选择工具	W	利用可调整的圆形画笔笔尖快速"绘制"选区。拖动时,选区会向外扩展并自动查找和跟随图像中定义的边缘
	裁切工具	C	裁切多余图像边缘,也可以校正图像,还可以透视变形图像
	切片工具	K	将图像分隔成多个区域,方便成组按编号输出网页图像
	切片选择工具	K	选取图像中已分隔的切片图像
	污点修复画笔工具	J	对图像中的污点进行修复
	修复画笔工具	J	对图像的细节进行修复
	修补工具	J	用图像的某个区域进行修补
	红眼工具	J	修改数码图像中的红眼缺陷
	画笔工具	B	根据参数设置绘制多种笔触的直线、曲线和沿路径描边
	铅笔工具	B	设置笔触大小,绘制硬边直线、曲线和沿路径描边
	颜色替换工具	B	对图像局部颜色进行替换
	混合器画笔工具	B	将照片图像制作成绘画作品
	仿制图章工具	S	按 Alt 键定义复制区域后可以在图像内克隆图像,并可以设置混合模式、不透明度和对齐方式的参数
	图案图章工具	S	利用 Photoshop 预设图像或者用户自定义图案绘制图像
	历史记录画笔工具	Y	以历史的某一状态绘图
	历史记录艺术画笔	Y	用艺术的方式恢复图像
	橡皮擦工具	E	擦除图像
	背景橡皮擦工具	E	擦除图像显示背景
	魔术橡皮擦工具	E	擦除设定容差内的颜色,相当于魔棒+Del 键的功能
	渐变工具	G	填充渐变颜色,有 5 种渐变类型
	油漆桶工具	G	填充前景色或者图案
	模糊工具	R	模糊图像内相邻像素颜色
	锐化工具	R	锐化图像内相邻像素颜色
	涂抹工具	R	以涂抹的方式修饰图像
	减淡工具	O	使图像局部像素变亮
	加深工具	O	使图像局部像素变暗

第 1 章 Photoshop CS5 基础入门

图标	工 具 名 称	快 捷 键	工具功能介绍
	海绵工具	O	调整图像局部像素饱和度
	路径选择工具	A	选择路径执行编辑操作
	直接选择工具	A	选择路径或者部分节点调整路径
	横排文字工具	T	输入编辑横排文字
	竖排文字工具	T	输入编辑垂直文字
	横排文字蒙版工具	T	直接创建横排文字选区
	竖排文字蒙版工具	T	直接创建垂直文字选区
	钢笔工具	P	绘制路径
	自由钢笔工具	P	以自由手绘方式创建路径
	增加锚点工具		在已有路径上增加节点
	删除锚点工具		删除路径中某个节点
	转换点工具		转换节点类型，比如可以将直线节点转换为曲线节点进行路径调整
	矩形工具	U	绘制矩形形状或者矩形路径
	圆角矩形工具	U	绘制圆角矩形形状或者路径
	椭圆工具	U	绘制椭圆、正圆形状或者路径
	多边形工具	U	绘制任意多边形形状或者路径
	直线工具	U	绘制直线和箭头
	自定形状工具	U	绘制自定义形状和自定义路径
	注释工具	N	为文字添加注释
	语音注释工具	N	为文字添加声音注释
	吸管工具	I	采集图像中颜色为前景色
	颜色取样器工具	I	结合【信息】调板查看图像内颜色参数
	度量工具	I	结合【信息】调板测量两点之间的距离和角度
	计数工具	I	用作度量图像的长、宽、高、起点坐标、终点坐标、角度等数据
	对象旋转工具	K	上下拖动可将模型围绕其 x 轴旋转，两侧拖动可将模型围绕其 y 轴旋转
	对象滚动工具	K	两侧拖动可使模型绕 z 轴旋转
	对象平移工具	K	两侧拖动可沿水平方向移动模型，上下拖动可沿垂直方向移动模型
	对象滑动工具	K	两侧拖动可沿水平方向移动模型，上下拖动可将模型移近或移远
	对象比例工具	K	上下拖动可将模型放大或缩小
	相机旋转工具	N	拖动以将相机沿 x 或 y 方向环绕移动
	相机滚动工具	N	使用该工具拖动，以滚动相机
	相机平移工具	N	使用该工具拖动，以将相机沿 x 或 y 方向平移
	相机移动工具	N	使用该工具拖动，以将相机沿 z 方向转换与 y 方向旋转

Photoshop CS5 中文版图像处理标准教程

图标	工 具 名 称	快 捷 键	工具功能介绍
	相机缩放工具	N	使用该工具拖动，以更改 3D 相机的视角
	抓手工具	H	移动图像窗口区域
	视图旋转工具	R	旋转视图显示方向
	缩放工具	Z	放大或者缩小图像显示比例
	设置前景色、背景色		设置前景色和背景色，按 D 键恢复为默认值，按 X 键切换前景色和背景色
	以标准模式编辑	Q	切换至标准模式编辑
	以快速蒙版模式编辑	Q	切换至快速蒙版模式编辑

技 巧

当选中一个工具后，想在该工具组中来回切换，可以使用快捷键 Shift＋该工具快捷键即可。

工具箱中的每一个工具都具有相应的选项参数，激活某个工具后，该工具相应的选项参数显示在工具选项栏中，用户可根据需要随时对选项或参数设置进行调整。图 1-30 所示是部分工具的选项栏设置。

3．控制面板

Photoshop 中的控制面板综合了 Photoshop 编辑图像时最常用的命令和功能，以按钮和快捷键菜单的形式集合在控制面板中。在 Photoshop CS5 中，所有控制面板以图标形式显示在界面右侧，并且将其分为 8 个面板组，如图 1-31 所示。

图 1-29　工具箱中的工具

图 1-30　工具选项栏

当单击其中一个面板图标后，该面板组显示；如果想打开另外一个面板组，那么单击此面板图标后，显示该面板组，而原来显示的面板组自动缩小为图标，如图 1-32 所示。

图 1-31　控制面板图标显示

图 1-32　打开或者隐藏面板

1.3　Photoshop 文件操作

　　无论在 Photoshop 中绘制图像，还是编辑图像，关键是掌握一些最基本的操作方法。比如打开或者保存不同格式的图像文件、调整图像窗口的大小或位置等。下面就来了解一些 Photoshop 的基本操作方法。

1.3.1　使用 Mini Bridge 管理文件

　　Adobe Bridge 是 Adobe 系列中提供查看图像的软件。Adobe Bridge 可进行查找、组织和浏览在创建打印、Web、视频以及移动内容时所需的资源。它可以从大多数 Creative Suite 组件中启动 Bridge，并使用它来访问 Adobe 和非 Adobe 资源。而 Photoshop CS5 中的 Mini Bridge 面板，与 Adobe Bridge 功能相同，但更加方便、快捷。

1. 查看图像

　　单击 Mini Bridge 面板图标，展开该面板。选中文件夹后，即可在【内容】区域中查看图像文件，如图 1-33 所示。

2. 打开文件

当在 Mini Bridge 面板中双击图像
文件后，该图像即可在 Photoshop 中打
开，如图 1-34 所示。

当在画布中编辑图像后，执行【文
件】|【存储】命令（快捷键 Ctrl+S），
即可在【存储为】对话框中将图像文
件保存为 PSD 格式的文件，如图 1-35
所示，其中各个选项的解释如表 1-3 所示。

图 1-33　　Mini Bridge 面板

图 1-34　　打开文件

图 1-35　　【存储为】对话框

表 1-3　　【存储为】对话框中的选项及功能

选 项	功 能
保存在	该下拉列表用于选择文件的存储的路径，选定后的项目将显示在文件或者文件夹列表中
文件名	输入新文件的名称，这样在文件之间就比较容易辨认
格式	在该下拉列表中选择所要存储的文件格式
作为副本	启用该单选按钮系统将存储文件的副本，但是并不存储当前文件，当前文件在窗口中仍然保持打开状态
注释	启用该复选框，图像的注释内容将与图像一起存储
Alpha 通道	启用该复选框，系统将 Alpha 通道信息和图像一起存储
专色	启用该复选框，系统将文件中的专色通道信息与图像一起存储
图层	启用该复选框，将会存储图像中的所有图层
使用小写扩展名	启用该复选框，当前存储的文件扩展名为小写，反之为大写

另存文件可以分为两种情况：一是当完成一幅作品时，因为 PSD 源文件所占的空间

比较大，需要对原文件存储为其他格式：二是对原图像进行修改调整，存储为另一种效果。

如果当前文件曾经以一种格式存储过，则可以执行【文件】|【存储为】命令（快捷键 Ctrl+Shift+S），打开【存储为】对话框。设置文件存储的位置和文件名称，然后在【格式】下拉菜单里面选择一种存储格式即可。在Mini Bridge 面板中即可查看保存后的图像文件，如图 1-36 所示。

注　意

> 存储文件在创作作品当中非常重要，如果在绘图过程中出现停电、死机、Photoshop 出错自动关闭等情况，都会导致未存储文件信息丢失。因此在编辑图像的过程中要养成经常存储的习惯，这样才能够避免不必要的麻烦。

图 1-36　查看 PSD 格式文件

1.3.2　导入和导出文件

如果在其他软件中编辑过图像，在 Photoshop 中不能够直接打开，此时就可以将该图像通过 Photoshop【导入】命令导入文件。有时 Photoshop 编辑的文件也需要在其他软件中进行编辑，这个时候就需要将文件导出。

1．导入文件

在进行图像处理的过程中，用户还可以利用 Windows 剪贴板，直接将其他应用程序中的图像复制并粘贴到 Photoshop 的图像窗口中进行编辑。

执行【文件】|【导入】菜单项，可以将一些从输入设备上得到的图像文件或者 PDF 格式的文件直接导入到 Photoshop 的工作区内，如图 1-37 所示。

2．导出文件

利用 Windows 剪贴板不但可以将其他应用程序中的图像导入，而且也可以将 Photoshop 中的图像导出到其他的应用程序中。

执行【文件】|【导出】|【路径到Illustrator】菜单项，打开【导出路径】对话框。选择存储文件的位置，在【文件名】文本框里

图 1-37　【载入】对话框

面输入要存储的文件名称，然后单击【保存】![保存(S)]按钮即可将导出的文件保存为 AI 格式，如图 1-38 所示。

第 1 章 Photoshop CS5 基础入门

图 1-38 将文件导出

1.3.3 置入图像

在 Photoshop 中，常见的图像格式可以通过【打开】命令将其放置在其中，如果遇到特殊的图像格式比如矢量格式的图像等，则需要通过【置入】命令在 Photoshop 中打开。

在 Photoshop 中可以通过【置入】命令将矢量图（比如 Illustrator 软件制作的 AI 图形文件）插入到 Photoshop 中当前打开的文档内使用。其方法是：在 Photoshop 新建一个空白文档，执行【文件】|【置入】命令，打开【置入】对话框，如图 1-39 所示。

在【置入】对话框，单击【置入】按钮。此时，文档中会显示一个浮动的对象控制框，用户可以更改它的位置、大小和方向。完成调整后在框线内双击或按下回车键确认插入，如图 1-40 所示。

图 1-39 【置入】对话框

1.3.4 图像窗口操作

在 Photoshop 中处理图像时，一般情况下需要同时编辑多个图像。比如将一个图像拖动到另一个图像中去，因此要在多个图像窗口之间频繁切换、缩放图像，以及改变图像的位置等。灵活掌握图像窗口的操作方法，将有利于提高工作效率。

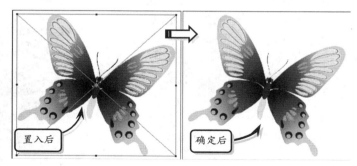

图 1-40 置入后的效果

1. 改变图像窗口的位置和大小

在 Photoshop 中打开多个图像时，系统会按先后的顺序将打开的图像依次排列。因此，有的图片会被最上面的图片遮挡住，此时就需要移动图像窗口的位置。有的图像在图像编辑框里面显示的不太完整，为了可以预览全图需要对图像窗口进行缩放。

❏ **移动图像窗口位置**

如果要把图像窗口摆放到屏幕适当的位置，需要对图像窗口进行移动。移动的方法很简单，首先将鼠标指针移动到窗口标题栏上，单击鼠标左键的同时，拖动图像窗口到适当的位置释放鼠标。

❏ **改变图像窗口的大小**

将鼠标指针移动到图像窗口的边框上面，当鼠标指针变成↕、↔、↖或↗几种形状时单击并拖动窗口，即可改变窗口的大小。

❏ **切换图像窗口**

当用户使用 Photoshop 编辑多个图像时，需要在不同的图像窗口之间切换。其方法是使用鼠标直接在另一幅图像窗口的标题栏上单击，就可以将该图像置为当前图像。

技 巧

选择 Ctrl＋Tab 快捷键或者 Ctrl＋F6 快捷键可以切换到下一个窗口，选择 Ctrl＋Shift＋Tab 快捷键或者 Ctrl＋Shift＋F6 快捷键，可以切换到上一个窗口。

2. 切换屏幕显示模式

在编辑图像的过程中，为了全面地观察图像效果，可以切换图像的显示模式。为了满足用户的需求，Photoshop 提供了 4 种不同的屏幕显示模式。

❏ **标准屏幕模式**

【标准屏幕模式】█▼窗口将会显示 Photoshop 中的所有组件。单击软件最上方的【屏幕模式】按钮█▼，选择【标准屏幕模式】选项，可以切换到标准屏幕模式的窗口显示，该模式较适合对 Photoshop 不太了解的初学者，如图 1-41 所示。

❏ **带有菜单栏的全屏模式**

【带有菜单栏的全屏模式】选项是不显示 Photoshop 的标题栏，而只显示菜单栏。单击软件最上方的【屏幕模式】按钮█▼，选择【带有菜单栏的全屏模式】选项，可以使图像最大化的充满整个屏幕，以便有更多的操作空间。

❏ **全屏模式**

单击软件最上方的【屏幕模式】按钮█▼，选择【全屏模式】选项，可以切换到全屏模式。全屏模式下系统隐藏了菜单栏。该模式适合对 Photoshop 菜单栏熟悉的设计人员。

图 1-41 标准屏幕模式

❏ **隐藏所有工具及菜单**

在 Photoshop 中还有一种图像显示模式，即除图像外隐藏所有的菜单及选项栏。该模式适合对 Photoshop 的各个菜单、工具以及调板上所有信息相当熟悉的设计人员。其方法是，在【全屏模式】下按 Tab 键即可。

3. 控制图像显示

在编辑图像过程中，要灵活控制图像的显示比例，以便于精确地编辑图像。比如，需要编辑图像的某个区域，此时需要放大该区域，编辑完毕后要预览全图，还要缩小图像。灵活运用此功能可以为设计人员带来很大的帮助。

❑ **缩放图像显示**

在 Photoshop 中要放大或者缩小图像显示比例，最简单的方法就是选择工具箱中的【缩放工具】🔍，然后在工具选项栏中启用【放大】按钮🔍或者【缩小】按钮🔍，在图像窗口中单击即可，如图 1-42 所示。

图 1-42　缩放图像显示比例

❑ **在图像窗口中移动显示区域**

选择【抓手工具】✋，然后将鼠标移动到图像上，拖动鼠标即可移动显示区域，如图 1-43 所示。在选择【放大】🔍或者【缩小】🔍前提下，按空格键也可以切换到【抓手工具】✋。

图 1-43　使用【抓手工具】移动图像显示区域

一、填空题

1．计算机记录图像的方式包括两种：一种是通过数学方法记录图像内容，即_____；一种是用像素点阵方法记录，即_____。

2．色彩可分为_____和_____两大类。

3．_____就是每英寸图像含有多少个点或者像素，其单位为点/英寸（英寸缩写为 dpi）。

4．_____是指打印灰度级图像或者分色所用的网屏上每英寸的点数，是用每英寸有多少行或者线数来测量的。

5．常见的颜色模式包括_____、CMYK颜色模式、Lab 颜色与 HSB 颜色模式。

二、选择题

1．Photoshop 的默认文件格式是_____。
   A．JPEG   B．PSD
   C．PDF   D．BMP

2．要显示标尺，可以按下快捷键_____。
   A．Ctrl+D   B．Ctrl+ "
   C．Ctrl+H   D．Ctrl+R

3．选择【缩放工具】的快捷键是_____。
   A．T   B．H
   C．Z   D．C

4．放大图像显示比例的快捷键是_____。
   A．Ctrl++   B．Ctrl+–
   C．Ctrl+0   D．Ctrl+9

5．通过快捷键_____可以在 3 种屏幕显示模式间切换。
   A．Ctrl   B．H
   C．F   D．Alt

三、问答题

1．矢量图与位图之间有什么区别？

2．在 Photoshop 中主要采用哪些颜色模式？

3．Photoshop CS5 有哪些新增功能？

4．通过【置入】方式在 Photoshop 中打开的图像有何不同？

5．通过哪些方式能够进行画布放大？

四、上机练习

1．导入 AI 矢量图形

要导入 AI 格式的矢量图形，首先要新建一个空白画布。然后执行【文件】|【置入】命令，选择 AI 格式的文件，单击【确定】按钮即可将其导入其中，如图 1-44 所示。

图 1-44 导入 AI 矢量图形

2．扩大操作空间

要在保留菜单的情况下最大限度地扩大操作空间，可以按 Tab 键隐藏工具箱和面板组图标，如图 1-45 所示。要想返回标准屏幕模式，只要再次按 Tab 键即可。

图 1-45 扩大操作空间

第 2 章

Photoshop 基础操作

　　使用 Photoshop 进行任何平面作品的制作与编辑，都需要熟悉 Photoshop 的基本操作，比如简单的复制与粘贴、图像的位置与变形等。掌握了这些技能之后，才能够得心应手的去绘制或者编辑图像。

　　本章将就 Photoshop 中的基本操作展开全面的讲解，目的是让用户掌握图像处理的操作方法，以便于以后在绘制和编辑图像过程中游刃有余。

本章学习要点：

➢ 颜色选取
➢ 复制与粘贴
➢ 图像位置
➢ 图像变形

2.1 设置图像大小

图像的尺寸和分辨率对于设计者来说尤为重要。无论是打印输出或屏幕上显示的图像，制作时都需要设置图像的尺寸和分辨率，这样才能按要求进行创作。有效地更改图像的分辨率，会大幅度提高工作效率。

2.1.1 改变图像大小

一个图像的品质好坏跟图像的分辨率和尺寸大小是有密切联系的，同样大小的图像，其分辨率越高图像越清晰。如图 2-1 所示为画布大小相同，不同分辨率的图像效果。

图 2-1　尺寸相同分辨率不同的效果

单位尺寸含有的像素数目是决定分辨率的主要因素，因此像素数目与分辨率之间也是息息相关的。在像素大小固定的情况下，当分辨率变动时，图像尺寸也必定跟着改变；同样图像尺寸变动时分辨率也必定随之变动，如图 2-2 所示。

图 2-2　固定像素更改图像分辨率

无论是改变图像分辨率、尺寸还是像素大小，都需要使用【图像大小】对话框来完成。执行【图像】|【图像大小】命令（快捷键 Ctrl+Alt+I），其对话框如图 2-3 所示，各个选项的功能如表 2-1 所示。

图 2-3　【图像大小】对话框

表 2-1　【图像大小】对话框各个选项功能

名　　称	功　　能
像素大小	用于显示图像【宽度】和【高度】的像素值，在文本框中可以直接输入数值设置，如果在其右侧的列表框中选择【百分比】选项，即以占原图的百分比为单位显示图像的【宽度】和【高度】
文档大小	用于设置更改图像的【宽度】、【高度】和【分辨率】，可以在文本框中直接输入数值更改，其右侧列表框可以设置单位
分辨率	可以在该文本框中直接输入数值更改，其右侧列表框可设置单位
缩放样式	在调整图像大小时，按比例缩放效果
约束比例	启用该复选框时可以约束图像【高度】与【宽度】的比例，即改变【宽度】的同时【高度】也随之改变。当禁用该复选框后，【宽度】和【高度】后面的链接图标将会消失，表示改变任一项数值都不会影响另一项
重定图像像素	禁用该复选框时，图像像素固定不变，而可以改变尺寸和分辨率；启用该复选框时，改变图像尺寸和分辨率，图像像素数值会随之改变
邻近	一种速度快但精度低的图像像素模拟方法。该方法用于包含未消除锯齿边缘的插图，以保留硬边缘并生成较小的文件。但是，该方法可能产生锯齿状效果，在对图像进行扭曲或缩放时或在某个选区上执行多次操作时，这种效果会变得非常明显
两次线性	一种通过平均周围像素颜色值来添加像素的方法。该方法可生成中等品质的图像
两次立方	一种将周围像素值分析作为依据的方法，速度较慢，但精度较高。【两次立方】使用更复杂的计算，产生的色调渐变比【邻近】或【两次线性】更为平滑
两次立方（较平滑）	一种基于两次立方插值且旨在产生更平滑效果的有效图像放大方法
两次立方（较锐利）	一种基于两次立方插值且具有增强锐化效果的有效图像减小方法。此方法在重新取样后的图像中保留细节。如果使用【两次立方（较锐利）】会使图像中某些区域的锐化程度过高，请尝试使用【两次立方】

在【图像大小】对话框中单击【自动】按钮，弹出【自动分辨率】对话框，如图 2-4 所示，可以设置输出设备的网点频率。在【品质】选项组中则可以设置印刷的品质：启用【草图】单选按钮时，产生的分辨率与网点频率相同（不低于每英寸 72 像素）；启用【好】单选按钮时，产生的分辨率是网点频率的 1.5 倍；启用【最好】单选按钮时，产生的分辨率是网点频率的 2 倍。

图 2-4　【自动分辨率】对话框

技　巧

在【图像大小】对话框中，如果按 Alt 键，则【自动】按钮会变为【复位】按钮，单击可以使对话框各选项的内容恢复为打开对话框之前的设置。

2.1.2　裁切图像

【图像大小】命令的运用只能够在保留图像原貌时改变图像尺寸，要想改变图像在画布中显示的效果，则需要通过【裁剪工具】、【裁切】或【裁剪】命令以及【画布大小】命令来实现。

1. 画布大小

使用【画布大小】命令是改变图像显示效果最简单的方法之一。只要执行【图像】|【画布大小】命令（快捷键 Ctrl+Alt+C），在弹出的【画布大小】对话框中，设置大于或小于原图像尺寸的参数值，即可改变图像显示效果，如图 2-5 所示。

在该对话框中，无论是扩大还是缩小画布尺寸，不仅可以绝对或相对地进行尺寸设置，还可以自定义画布中心位置。只要单击【定位】选项中的箭头按钮，即可得到不同的效果，如图 2-6 所示。

图 2-5 【画布大小】对话框

提 示

在【画布扩展颜色】下拉列表中，用户可以设置扩展后的画布颜色，扩展画布与收缩画布的道理是一样的，都是通过控制箭头的方向来设置的。

2. 裁剪工具

编辑图像过程中，时常需要将图像中不需要的部分裁去，因此裁切图像是不可避免的。Photoshop 为用户提供了一个非常方便的工具——【裁剪工具】 。使用该工具不仅可以自由控制裁剪的大小和位置，而且还可以在裁剪的同时，对图像进行旋转、变形以及改变图像分辨率等操作。

图 2-6 缩小画布定义中心位置效果

❑ **裁剪图像**

打开一张素材图片，选择【裁剪工具】 。在素材图片上单击并拖动鼠标，框选要保留的区域，如图 2-7 所示，被裁切区域呈半透明状，然后双击鼠标左键或按下回车键即可。

❑ **固定裁剪大小及像素**

选择【裁剪工具】 后，在工具选项栏中

图 2-7 裁剪图像

可以设置裁剪图像的尺寸以及像素，如图 2-8 所示。无论用户将裁剪框扩大或缩小，最终裁剪后图像与设置的大小和分辨率完全一样。

❑ **裁剪区域呈原色显示**

如果在【裁剪工具】选项栏中禁用【屏蔽】复选框，此时再使用【裁剪工具】时，被裁剪的区域将呈原色显示，如图 2-9 所示。

❑ **设置【屏蔽颜色】**

使用【裁剪工具】使图像处于被裁剪状态，在工具选项栏中单击【颜色】后面的颜色块，在弹出的【拾色器】对话框中选择屏蔽的颜色，如图 2-10 所示为设置颜色后的效果。

图 2-8　固定裁剪大小及像素

图 2-9　禁用【屏蔽】复选框

图 2-10　设置剪切区域的颜色

❑ **透视裁剪**

在【裁剪工具】选项栏中，启用【透视】复选框，在裁剪图像时用户可以将透视的图像进行校正，如图 2-11 所示。

❑ **扩大画布**

运用【裁剪工具】还可以扩大画布，其方法是按快捷键 Ctrl+-将图像缩小，用鼠标左键拖动裁剪框到画面以外的区域，双击鼠标左键即可，如图 2-12 所示。

3．裁切命令

如果图像的背景为纯色，那么在裁剪图像时，就可以运用【裁切】命

图 2-11　校正透视图像

图 2-12　扩大画布

令将空白区域裁剪掉。执行【图像】
|【裁切】命令，设置其中的参数如
图 2-13 所示裁切到白色区域。

打开【裁切】命令对话框，可以
看到各个选项的设置，其中可以设
置裁切图像的各个边缘，如图 2-14
所示。

图 2-13 使用【裁切】命令

提 示

在【裁切】对话框中，如果启用【左上
角像素颜色】单选按钮，裁切图像时则
从左上角开始；如果启用【右下角像素颜
色】单选按钮，裁切图像时则从右下角
开始。

如果图像中存在透明像素，当打
开【裁切】对话框后，则可以激活【透
明像素】单选按钮。启用该按钮的效
果，如图 2-15 所示。

图 2-14 裁切不同的边缘

4．裁剪命令

在图像中存在选区的情况下，用
户可以执行【图像】|【裁剪】命令，
以选区边缘线为基准对图像进行裁
剪，如图 2-16 所示。

利用【裁剪】命令进行剪切的范
围已不限制在矩形范围。任何一个形
状的选取范围均可以进行剪切。如果
选取的是一个圆形或椭圆形范围，那
么剪切时就按选取范围四周最边缘
的位置为基准进行剪切，如图 2-17
所示。

图 2-15 裁切透明像素

图 2-16 使用【裁剪】命令

2.2 选取颜色

Photoshop 具有强大的绘图功能，
与传统的手工绘画一样，在绘图之前
必须设置好颜色。在 Photoshop 中既
可以独立设置颜色，也可以借用现有
的颜色。

图 2-17 裁剪圆形图像

2.2.1 常用颜色选取

在 Photoshop 中可以通过多种途径设置想要的颜色，所有设置的颜色均会存储在工具箱中的前景色或者背景色中，因为 Photoshop 工具箱中的前景色/背景色就是用来存储设置的颜色的。

工具箱的下方有两个交叠在一起的正方形，它们就是前景色和背景色，如图 2-18 所示。左上方的正方形表示前景色，它决定当使用任何一种绘图工具时所画出的颜色；右下方的正方形表示背景色，它可以用来清除背景图像。

图 2-18　前景色和背景色

技　巧

单击工具箱中紧临前景色和背景色的小弯曲箭头（或者选择键盘上的 X 键）就可以交换前景色和背景色。单击这一区域左下角的小正方形（或者选择键盘上的 D 键）可以把前景色和背景色复位到它们默认的设置（黑/白）。

1. 拾色器对话框

在默认情况下，工具箱中的前景色与背景色为黑色和白色。要想更改默认颜色，只需要单击相应的色块，即可打开相应的拾色器对话框。图 2-19 所示为单击前景色色块打开的【拾色器（前景色）】对话框。

图 2-19　【拾色器（前景色）】对话框

❑ 选取颜色

在拾色器中选取颜色非常简单，只要在色谱条中选择某个色相，然后在颜色预览区域中单击即可，这时工具箱中的前景色为选中的颜色，如图 2-20 所示。选取颜色时，数值区中的所有不同颜色模式的数值均会发生相应地变化。

❑ 颜色模式

在默认情况下，拾色器对话框中是以 HSB 模式来选取颜色的。HSB 模式中启用 H 选项，在颜色滑块中将显示所有色相；启用 S 选项可在色域中显示所有色相，它们的最大亮度位于色域的顶部，最小亮度位于底部，颜色滑块显示在色域中选中的颜色，它的最大饱和度位于滑块的顶部，最小饱和度位于底部，如图 2-21 所示。

图 2-20　选取颜色

启用 B 选项可在色域中显示所有色相，它们的最大饱和度位于色域的顶部，最小饱和度位于底部；颜色滑块显示在色域中选中的颜色，它的最大亮度位于滑块的顶部，最小亮度位于底部，如图 2-22 所示。

❑ 网页安全颜色

网页安全颜色是指在不同硬件环境、不同操作系统、不同浏览器中都能够正常显示的颜色的集合。使用网页安全颜色进行网页配色可以避免原有的颜色失真问题，而在 Photoshop 拾色器中可以直接选择网页安全颜色，方法是在该对话框中启用【只有 Web 颜色】选项即可，如图 2-23 所示。

图 2-21　HSB 模式中的 S 选项颜色显示

❑ 颜色库

单击拾色器对话框中的【颜色库】按钮，该对话框会切换到【颜色库】对话框，如图 2-24 所示，在其中可以选择固定的颜色。在【颜色库】对话框中，单击【拾色器】按钮可以返回拾色器对话框。

2．使用颜色面板

在拾色器对话框中只能设置前景色或者

图 2-22　HSB 模式中的 B 选项颜色显示

背景色，而 Photoshop 的【颜色】面板中可以同时设置这两种颜色。在默认情况下，该面板提供的是 RGB 颜色模式滑杆，如图 2-25 所示。

图 2-23　显示网页安全颜色

图 2-24　【颜色库】对话框

❑ 选择颜色

在【颜色】面板中，单击【前景色】色块后，无论是单击面板中的色谱，还是拖动滑块，均可以改变前景色，同时工具箱中的【前景色】也会随之改变，如图 2-26 所示。

图 2-25 【颜色】面板

图 2-26 设置前景色

技 巧

要想在【颜色】面板中设置背景颜色，只需要单击该面板中的背景色色块即可使用相同的方法设置。

❑ **颜色模式**

单击该面板右上角的三角图标，在关联菜单中包括 6 种不同模式的滑块，选择其中一个命令，面板会发生相应地变化，如图 2-27 所示。其中选择不同模式滑杆时，其选色的方法是不同的，具体说明如表 2-2

图 2-27 不同模式滑块显示

所示。

表 2-2 6 种不同滑块的功能

名　称	功　能
灰度滑块	选择该选项后，面板中只显示一个 K（黑色）滑杆，只能设置 0~255 之间的色调，即只有从白到黑的 256 种颜色。选色时可以用鼠标拖动滑块或在其后面输入数值
RGB 滑块	选择该选项时，面板中会显示 R（红色）、G（绿色）、B（蓝色）三个滑杆，三者范围都在 0~255 之间，拖动这三个滑杆上的小三角滑块即可通过改变 R、G、B 的不同色调。设定后的颜色会显示在前景色和背景色按钮中。用户也可以在滑杆后的文本框中输入 R、G、B 的数值来指定颜色。当三个数值都为 0 时是黑色，都为 255 时，为白色。当要选择背景色时，应在【颜色】面板中单击选中背景色，然后再使用滑杆进行选色
HSB 滑块	选择该选项后，滑杆变为 H（色相）、S（饱和度）、B（亮度）滑杆。通过拖动这三个滑杆上的小三角滑块可以分别设置 H、S、B 的值，其使用方法与 RGB 相同
CMYK 滑块	选择该选项后，滑杆变为 C（青色）、M（洋红色）、Y（黄色）、K（黑色）四个滑杆，使用方法与 R、G、B 滑杆相同
Lab 滑块	选择该选项后，滑杆变为 L、a、b 三个滑杆。L 用于调整亮度（取值范围 0~100）；a 用于调整由绿色到鲜红色的光谱变化；b 用于调整由黄色到蓝色的光谱变化。后两者的取值范围都在–120~120 之间
Web 颜色滑块	选择该选项后，滑杆变为 R、G、B 三个滑杆，它与 RGB 滑杆不同，主要用来选择 Web 上使用的颜色。其每个滑杆上分为 6 个颜色段，所以总共只能调配出 216（6×6×6＝216）种颜色，在滑杆右侧文本框汇总可以输入 RGB 三色的编号来指定颜色

❑ 色谱

在【颜色】面板中无论使用哪一个模式滑块设置颜色，都可以选择不同的色谱。只要在该面板的关联中选择色谱命令即可，图 2-28 出示了在 RGB 模式滑块中显示的是灰度色谱。

● 2.2.2　现有颜色选取

在 Photoshop 中除了可以设置颜色外，还可以使用现有的颜色，现有颜色比如【色板】面板中的颜色和使用【吸管工具】得到的颜色。

1．使用色板面板

图 2-28　灰色色谱

Photoshop 提供了一个【色板】面板，用于快速选择前景色。该面板的颜色可以直接选取使用。

❑ 使用【色板】面板选择颜色

如果要使用【色板】面板选择颜色，首先执行【窗口】|【色板】命令显示该面板，如图 2-29 所示，然后移动鼠标指针至面板色板方格中，此时鼠标显示为吸管形状，单击可选定当前指定颜色。

图 2-29　【色板】面板

❑ 在【色板】面板中添加颜色

在【色板】面板中，还可以添加一些常用的颜色。将鼠标指针移至【色板】面板的空白处，当指针显示为油漆桶图标时，单击鼠标左键弹出【色板名称】对话框，设置颜色命名后单击【确定】按钮，如图 2-30 所示。

> **提 示**
>
> 在【色板】面板中添加的颜色，是以工具箱中的前景色为基准的。在该面板中添加颜色还可以通过拾色器中的【添加颜色】功能来实现。

❑ 在【色板】面板中删除颜色

【色板】面板中不但可以添加颜色，而且还可以删除颜色。方法是将鼠标指针停放在要删除的色板上，右击鼠标选择【删除色板】命令即可，如图 2-31 所示。

图 2-30　新建颜色

> **技 巧**
>
> 将鼠标指针放置在色板上面，同时按 Alt 键，当指针显示为剪刀形状时，单击鼠标左键，即可删除所选择的色块。

图 2-31　删除【色板】面板中颜色

❑ 扩展【色板】面板

Photoshop 提供了许多种预设的色板集，可以方便用户选取颜色。在关联菜单中选择任意一个选项，就可以追加该色板集中的所有色板。在扩展的【色板】面板中，可以选择所需要的颜色，如图 2-32 所示。

❑ 复位【色板】面板

当经过多次增减、替换后，【色板】面板会失去本来面目。若要恢复 Photoshop 默认的【色板】面板设置，可以单击该面板右边的小三角，在关联菜单中选择【复位色板】命令，如图 2-33 所示。

2. 吸管工具

图 2-32　使用预设色板选取颜色

在绘制图像时，需要采取图像中相近的颜色值，这个时候就可以使用工具箱中【吸管工具】（快捷键 I），它可以在图像区域中进行颜色采样，并采用颜色重定义前景色。

❑ 吸取颜色

当需要从一幅图像上面吸取颜色时，首先选择【吸管工具】，然后在图像中单击需要的颜色即可如图 2-34 所示，所吸取的颜色将会在前景色中显示。

❑ 设置取样点

图 2-33　复位色板

在【吸管工具】选项栏中有一个【取样大小】下拉列表，其中包括"取样点"、"3×3 平均"、"5×5 平均"、"11×11 平均"、"31×31 平均"、"51×51 平均"和"101×101 平均"选项。这些选项限制了读取所单击区域内指定数量像素的平均值。图 2-35 出示了选择"3×3 平均"与"51×51 平均"选项取样的颜色对比。

图 2-34　吸取颜色

技　巧

使用【吸管工具】选取颜色时，按住 Alt 键单击就可以采样到背景色上面。

❑ 颜色取样器工具

单击【吸管工具】右边的小三角，选择【颜色取样器工具】，它主要的作用是查看颜色信息。该工具可以帮助用户定位查看图像窗口中任何一个位置的颜色信息。使用【颜色取样器工具】定点取样时，其取样点不得超过 4 个。

图 2-35　不同取样范围颜色显示

该工具只能获取颜色信息，而不能选取颜色。要想查看所取颜色的信息，打开【信息】面板即可，如图 2-36 所示。

2.3　基本编辑命令

在编辑图像的过程中，通常需要对图像执行一些基本操作，比如复制图像，将图像中的某个区域的图像清除等。下面就这些基本操作命令进行详细地介绍。

图 2-36　查看颜色信息

2.3.1　还原、重做与恢复文件

无论是改变了图像大小，还是改变了图像形状，均能够进行图像恢复。而在恢复图像的操作中，既可以进行步骤还原，也可以进行步骤重做。

图像编辑后，要想返回上一步操作，只要执行【编辑】|【还原】命令（快捷键 Ctrl+Z），就可以将图像恢复到最后一次操作之前的状态，如可以撤销一次描绘或编辑工具的处理效果，或者是撤销一条特定效果或颜色校正命令。

现在 Photoshop 软件支持按 Ctrl+Alt+Z 快捷键后退一步，或按 Ctrl+Shift+Z 快捷键前进一步的操作，这样很容易进行状态比较，同样也可以很容易地改变方案。

注 意

在 Photoshop 中，不能恢复磁盘操作，例如打开或保存文件。但是 Photoshop 支持恢复打印图像之后的编辑操作，它可以测试观察效果，先打印图像，如果看起来不满意，可以将操作还原。

使用【历史记录】面板，在当前工作会话期间可以跳转到所创建图像的任一最近状态。每次对图像应用更改时，图像的新状态都会添加到该面板中，这样就可以将操作恢复到面板中记录的任意一步。

在该面板中，记录每次重要的操作，除了设置值和首选项（例如选择一个新的前景色）之外，其他的每一步都被添加到历史记录列表中。最早的操作显示在列表的最上方，而最近的操作显示在列表的底部。

面板中的每个项目表示图像处理过程的一个手段，也是某个时刻的一个情况，列表中的每个项目被称为"状态"。如果需要将图像恢复到最初打开时的状态，可以在最后一次保存之前，到【历史记录】面板的顶部单击最上面的项目即可，如图 2-37 所示。

在【历史记录】面板中确定状态的内容，只需单击该状态，Photoshop 就会立刻撤销该状态之后执行的所有操作，从而返回到该状态。

图 2-37 【历史记录】面板

如果编辑图像到一定状态时，为了能够定格此状态下的图像效果，可以单击【历史记录】面板中的【创建新快照】按钮 创建出一个快照，如图 2-38 所示。

当对图像再次编辑了好多步骤，而又想回头比较一下刚才状态下的效果时，只需在该面板中，单击此快照即可显示出此状态下的效果，如图 2-39 所示。

Photoshop 中只要内存足够的情况下，可以保存任意多个快照，以方便在图像处理过程中不断地对比前后效果。

图 2-38 创建快照

图 2-39 切换到快照状态

2.3.2 复制图像

剪切、复制和粘贴是编辑图像中频繁用到的命令，有效地运用这些命令，在创作过程中会事半功倍。在 Photoshop 中复制图像也分为局部复制与整体复制。

1. 复制与剪切

在移动局部图像中，可以在不破坏源文件的情况下移动，那称作为拷贝；也可以在破坏源文件的情况下移动，这叫做剪切。

❑ 复制粘贴

如果在不破坏源文件的情况下移动局部图像至另外一个文件内，那么首先要准备两个图像文档，并且其中一个文档中还要在要移动的图像中建立选区，如图 2-40 所示，按快捷键 Ctrl+C，执行【拷贝】命令。

然后在目标图像中执行【编辑】|【粘贴】命令（快捷键 Ctrl+V），这时局部图像会出现在该文档中，如图 2-41 所示。

❑ 剪切图像

在 Photoshop 中剪切图像同复制一样简单，执行【编辑】|【剪切】

图 2-40 源图像与目标图像

第 2 章 Photoshop 基础操作

35

命令（快捷键 Ctrl+X）即可。但需要注意的是，剪切是将选取范围内的图像剪切掉并放入剪贴板中，所以剪切区域内图像会消失并填入背景色颜色，如图 2-42 所示。

图 2-41　粘贴后的图像

2. 合并拷贝

在【编辑】菜单中还提供了【合并拷贝】命令，这个命令也是用于复制和粘贴图像，但是不同于【拷贝】命令。

【合并拷贝】命令用于复制图像中的所有图层，即在不影响源图像的情况下，将选取范围内的所有图层均复制并放入到剪贴板中。

图像文档中存在两个或两个以上图层时，按快捷键 Ctrl+A 执行【全选】命令，然后执行【编辑】|【合并拷贝】命令（快捷键 Ctrl+Shift+C），如图 2-43 所示。

图 2-42　图像剪切前后对比

接着打开另外一个图像文档执行【粘贴】命令，就会将刚才文档中的所有图像粘贴至其中，如图 2-44 所示。

图 2-43　合并拷贝

2.3.3　清除图像

【清除】命令与【剪切】命令类似，不同的是【剪切】命令是将图像剪切后放入剪切板中，而【清除】则是删除，并不放入剪切板中。清除图像首先要选取范围，指定清除的内容，如图 2-45 所示。

图 2-44　粘贴至图像中

图 2-45　建立选取区域

　　然后执行【编辑】|【清除】命令，即可清除选取区域内的图像，如图 2-46 所示。【清除】命令是删除选区中的图像，所以类似于【橡皮擦工具】。

图 2-46　执行【清除】命令

2.4　变换与变形

　　在实际工作过程中，可以对选区、整个图层、多个图层或图层蒙版应用变换，也可以对路径、矢量形状、矢量蒙版或 Alpha 通道应用变换。而在 Photoshop 中，除了传统的自由变换命令外，还可以根据图像内容进行内容识别缩放。

2.4.1　变换图像

1．传统变换

　　打开一幅图像后，执行【编辑】|【变换】命令（快捷键 Ctrl+T），其中包括的变换命令能够进行各种样式的变形，如图 2-47 所示。

❑ **缩放**　缩放操作通过沿着水平和垂直方向拉伸，或挤压图像内的一个区域来修改该区域的大小。

❑ **旋转**　旋转允许改变一个图层内容或一个选择区域进行任意方向的旋转。其中菜单中还提供了【旋转 180 度】、【旋转 90 度（顺时针）】和【旋转 90 度（逆时针）】命令。

❑ **斜切**　沿着单个轴，即水平或垂直轴，倾斜一个选择区域。斜切的角度影响最终图像将变得有多么倾斜。要想斜切一个选择区域，拖动边界框的那些节点即可。

❑ **扭曲**　当扭曲一个选择区域时，可以沿着它的每个轴拉伸进行操作。和斜切不同的是，倾斜不再局限于每次一条边，拖动一个角，两条相邻边将沿着该角拉伸。

❑ **透视**　透视变换是挤压或拉伸一个图层或选择区域的单条边，进而向内外倾斜两条相邻边。

原图　　　　　　缩放　　　　　　旋转　　　　　　斜切

扭曲　　　　　　透视　　　　　　变形　　　　　　旋转180度

旋转90度（顺时针）　　旋转90度（逆时针）　　水平翻转　　　　　垂直翻转

图 2-47 各种变换

- ❑ **变形**　该命令可以对图像任意拉伸从而产生各种变换。
- ❑ **水平翻转**　该命令是沿垂直轴水平翻转图像。
- ❑ **垂直翻转**　该命令是沿水平轴垂直翻转图像。

2．内容感知型变换

内容识别缩放功能可在不更改重要可视内容（如人物、建筑、动物等）的情况下调整图像大小，它可以通过对图像中的内容进行自动判断后决定如何缩放图像。虽然这种判断并不是百分百准确的，但确实是 Photoshop 通往智能化的一个标志。

打开一幅图像并进行图层复制，执行【编辑】|【内容识别比例】命令（快捷键Alt+Ctrl+Shift+C），即可对图像进行有识别的变换。变换后的图像，主体人物不会有很大变形，而大面积的天空或水面等会智能地将其进行缩放，这点也是该项功能与普通变换工具的不同之处，如图 2-48 所示。

原图

内容识别缩小

普通缩小

图 2-48 内容识别缩小

2.4.2　操控变形

操控变形功能提供了一种可视的网格，借助该网格可以随意地扭曲特定图像区域的同时保持其他区域不变。其应用范围小至精细的图像修饰，如发型设计，大至总体的变换，如重新定位手臂或下肢。

要想为图像进行操作变形，首先选择图像所在的图层，然后执行【编辑】|【操作变形】命令，光标变成图钉形状，如图 2-49 所示。

图 2-49　执行【操作变形】命令

这时，工具选项栏中将显示操作变形的选项，其中各个选项及作用如下。

❑ **显示网格**　启用该选项可以显示图像的网格，如图 2-50 所示。禁用该选项只显示调整图钉，从而显示更清晰的变换预览。

❑ **模式**　确定网格的整体弹性，包括"正常"、"刚性"与"扭曲"选项。

图 2-50　网格显示

❑ **浓度**　确定网格点的间距。较多的网格点可以提高精度，但需要较多的处理时间；较少的网格点则反之，如图 2-51 所示。

❑ **扩展**　扩展或收缩网格的外边缘，如图 2-52 所示。

当执行【操作变形】命令后，在图像区域单击，即可添加图钉。单击不同的区域，能够添加多个图钉，如图 2-53 所示。

图 2-51　网格浓度

图 2-52　扩展网格

图 2-53　添加图钉

要移去选定图钉，按 Delete 键。要移去其他各个图钉，将光标直接放在这些图钉上，然后按 Alt 键；当剪刀图标✄出现时，单击该图标同样能够删除图钉。

继续使用光标单击并拖动某个图钉，即可改变该图钉所在图像的位置与形状，如图 2-54 所示。

这时会发现改变形状与位置的图像，会显示在重叠图像的下方。要想改变其上下关系，可以在工具选项栏中单击【图钉深度】按钮，使下方图像与上方图像对调，如图 2-55 所示。

图 2-54　移动图钉

要固定改变图钉的旋转角度，首先要单击选中某个图钉，然后在工具选项栏中选择【旋转】选项为"固定"，并且在角度文本框中输入数值即可，如图 2-56 所示。

图 2-55　改变顺序

图 2-56　固定旋转

2.4.3 旋转画布与视图

在 Photoshop 中,执行【编辑】|【图像旋转】命令中的子命令,能够将画布进行任意角度的旋转。只是当进行 90 度、180 度与 360 度以外的角度旋转时,画布会自动添加边缘,使其成为矩形画布,如图 2-57 所示。

图 2-57　旋转图像

如果是针对视图进行 360 度旋转,而不是针对图像,那么就不会出现扩大画布的现象。方法是选择工具箱中的【旋转视图工具】，在画布中单击并旋转鼠标,即可旋转画布,如图 2-58 所示。

图 2-58　旋转视图

在旋转后绘制矩形选区,能够发现选区仍然按照原先视图的方向进行显示,如图 2-59 所示。

使用该功能,用户可以对设计方案进行多角度的浏览,以方便提高作图的效率。而在使用之前,必须在【首选项】对话框中的【性能】选项中,启用【启用 OpenGL 绘图】选项,方能够进行视图旋转。

提　示

使用【旋转视图工具】时,在工具选项栏中可以精确输入旋转的角度,也可以单击【视图复位】按钮,将视图方向进行恢复,还可以启用【旋转所有窗口】选项,在旋转当前窗口的视图时,旋转所有已打开的窗口视图。

图 2-59　绘制选区

2.5　课堂练习:为照片添加相框

本实例制作的是为照片添加相框效果,如图 2-60 所示。相框无论是真实的还是图片效果格式的,都是用来美观照片的。一些单调乏味的照片添上一些相框花边,会显得生动美观。在 Photoshop 中，主要是将图片拖动到 PSD 格式的相框素材文档中，制作带有相框的图像效果。

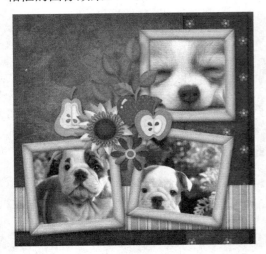

图 2-60　为照片添加相框效果

操作步骤：

1　执行【文件】|【打开】命令（快捷键 Ctrl+O），在弹出的【打开】对话框中，选择 PSD 格式的相框素材，单击【打开】按钮 打开(O)，在 Photoshop 中打开，如图 2-61 所示。

图 2-61　打开 PSD 格式图像

2　打开 Mini Bridge 面板，选中照片素材并双击，在 Photoshop 中打开，如图 2-62 所示。

3　使用【移动工具】，将"小狗 01"图片拖至"相框"文档中，自动命名图层为"图层 1"图层，如图 2-63 所示。

图 2-62　打开照片素材

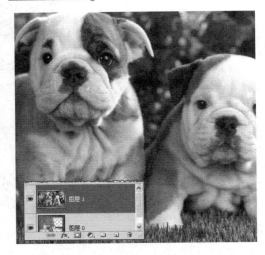

图 2-63　拖动图像至"相框"文档

4　执行【图层】|【排列】|【后移一层】命令，将"图层 1"移动到"相框"图层下方，如图 2-64 所示。

图 2-64　改变显示顺序

5　按 Ctrl+T 快捷键，显示变换框。在工具选项栏中，单击【成比例缩放】按钮 ⚙，设置缩放参数为50%。按 Enter 键结束缩小操作后，使用【移动工具】 ⊹ 改变该图像位置，使其放置在下方的两个相框区域内，如图2-65 所示。

图 2-65 缩小并移动

6　使用上述方法，将素材"小狗 02"图像拖入"相框"文档中，并成比例缩小该图像，使其放置在右上方的相框区域内，如图2-66 所示。

图 2-66 拖入并缩小

> **提　示**
>
> 在导入"小狗 02"图像之前，"图层 1"为工作图层，所以再次导入的图像直接放置在该图层之上。也就是说，导入图像的所在图层是放置在"相框"图像所在图层的下方，所以不需要调整图层顺序。

7　完成操作后，执行【文件】|【存储为】命令（快捷键 Ctrl+Shift+S），在弹出的【存储为】对话框中，设置【文件名】为"为照片添加相框"，将制作好的图像另存为其他名称，以保留原图像文档，如图 2-67 所示。

图 2-67 保存文档

2.6　课堂练习：新年海报

本实例制作的是新年海报效果，如图 2-68 所示。该实例主要是通过【操作变形】功能来实现局部图像变形的效果，从而呈现连影效果。在制作过程中，要注意图钉的数量与位置，这样才能够保持局部变形效果。

图 2-68 新年海报效果

操作步骤：

1　按 Ctrl+O 快捷键，打开素材 NEW YEAR.jpg 与"人物.png"图像文件，将人物图像拖入背景图像文档中并放置在画布右侧，如图 2-69 所示。

2　按 Ctrl+T 快捷键显示变换框，按住 Shift 键，成比例缩小人物图像，使其完全显示在画布中，如图 2-70 所示。然后连续按 Ctrl+J 快捷键两次，复制该图层。

图 2-69　导入图像

图 2-70　成比例缩小

3　隐藏上方两个人物图层后，选中最下方人物
　　所在图层。执行【编辑】|【操作变形】命
　　令，光标变成图钉状态，分别在左侧手腕、
　　左肩、腰部、两个脚踝的位置单击添加图钉，
　　如图 2-71 所示。

图 2-71　添加图钉

4　单击并拖动左侧手腕图钉向右，形成高举招
　　牌的形象，如图 2-72 所示。在拖动过程中，

注意不要过度向右，否则会改变人物头部形
状。确定变形位置后，按 Enter 键完成该操作。

图 2-72　拖动图钉向右

5　显示中间的人物图层，在该图层中执行【编
　　辑】|【操作变形】命令。在相同的位置添
　　加图钉，并且向左拖动左侧手腕图钉，如图
　　2-73 所示。

图 2-73　拖动图钉向左

6　显示最上方图层后，分别向右移动下方人物
　　图像形成连影效果，如图 2-74 所示，完成
　　最后操作。

图 2-74　移动图像位置

2.7 思考与练习

一、填空题

1. 在【图像大小】对话框中要想成比例缩放图像尺寸，必须启用_____选项。

2. 要选择颜色既可以在拾色器中完成，也可以在_____面板中完成。

3. Photoshop 中的_____面板可以直接使用现有颜色。

4. Photoshop 中的拷贝与粘贴快捷键分别为_____和_____。

5. 通过图钉进行局部变形的命令是_____命令。

二、选择题

1. 要想复制文档中所有图层中的图像，需要执行【编辑】|【_____】命令。

    A. 拷贝   B. 剪切

    C. 贴入   D. 合并拷贝

2. 与【前进一步】和【后退一步】命令相对应的快捷键是_____。

    A. Shift+Alt+Y 和 Shift+Ctrl+Z

    B. Shift+Ctrl+Z 和 Alt+Ctrl+Z

    C. Alt+Ctrl+Z 和 Shift+Alt+Y

    D. Shift+Ctrl+Z 和 Shift+Alt+Z

3. 要清除图像，可以执行【编辑】|【清除】命令，或者按_____键。

    A. Backspace   B. Insert

    C. Delete   D. Enter

4. 下列选项中，_____不属于自由变换中的命令。

    A. 翻转   B. 斜切

    C. 透视   D. 扭曲

5. 使用_____可以自由旋转视图。

    A.【抓手工具】

    B.【视图旋转工具】

    C.【缩放工具】

    D.【移动工具】

三、问答题

1. 如何在不改变图像尺寸的同时改变图像分辨率？

2. 如何使用【吸管工具】选择现有颜色？

3. 简要概述复制图像的多种情况。

4. 如何进行局部变形操作？

5. 什么情况下才能进行自由旋转视图操作？

四、上机练习

1. 裁切图像

对于画布中存在空白区域的图像，可以通过【裁切】命令，直接将其删除，从而使图像填充整个画布。方法是打开图像文档后，执行【图像】|【裁切】命令，启用【裁切】选项组中的所有选项，单击【确定】按钮，即可将画布中的空白区域裁切掉，如图 2-75 所示。

图 2-75 裁切图像

2. 改变人物形状

改变图像形状有多种方法，而改变局部图像则需要用到 Photoshop CS5 新增的【操作变形】命令。

虽然只要拖动图钉即可改变该图钉所在的图像位置，但是为了保持图像其他区域位置不变，则需要通过添加图钉来进行固定，如图 2-76 所示。

图 2-76　改变人物形状

第 3 章

图层基础知识

Photoshop 最大的特色就是具有图层处理功能。使用图层功能可以在互不影响的情况下修改图像，简化图像操作，使图像编辑更具有弹性。图像的所有编辑几乎都依赖于图层，所以对图层的基本属性、图层组的基本编辑以及图层中的智能图层与中性色图层都需要了解。

本章学习要点：

- ➢ 图层结构
- ➢ 图层属性
- ➢ 图层组功能
- ➢ 智能图层
- ➢ 中性色图层

3.1 认识图层

图层用来承载几乎所有的编辑操作，它是 Photoshop 最重要的功能之一。可以将图层想象为一张张透明的纸，每个图层都存在着不同的图像，透过图层的透明区域可以观察到下面的内容，如图 3-1 所示。

图 3-1 图层原理

> **提 示**
>
> 在对不同图层上的图像进行编辑时，不会影响其他图层上的图像。

3.1.1 认识【图层】面板

【图层】面板是图层操作中必不可少的工具，主要是用于显示当前图像的图层信息。如果要显示【图层】面板，用户可以执行【窗口】|【图层】命令（快捷键 F7），打开【图层】面板，如图 3-2 所示。面板中按钮名称及功能介绍如表 3-1 所示。

图 3-2 【图层】面板

表 3-1 【图层】面板各项功能介绍

序号	图标	名　称	功　能
A	无	图层混合模式	在该列表中可以选择不同的图层混合模式，来决定这一图像与其他图层叠合在一起的效果
B	无	图层总体不透明度	用于设置每一个图层的全部不透明度
C	无	图层内部不透明度	用于设置每一个图层的填充不透明度
D	👁	指示图层可视性	单击可以显示或隐藏图层
E	🔗	链接图层	选择两个或两个以上的图层，激活【链接图层】图标，单击即可链接所选中的图层
F	_fx._	添加图层样式	单击该按钮，在下拉菜单中选择一种图层效果以用于当前所选图层

序号	图标	名　称	功　能
G		添加图层蒙版	单击该按钮可以创建一个图层蒙版，用来修改图层内容
H		创建新的填充或调整图层	单击该按钮，在下拉菜单中选择一个填充图层或调整图层
I		创建新组	单击该按钮可以创建一个新图层组
J		创建新图层	单击该按钮可以创建一个新图层
K		删除所选图层	单击该按钮可将当前所选图层删除

为了便于辨识，预览图中的内容，可以放大图层缩览图。单击【图层】面板右边的小三角，选择【面板选项】命令，打开【图层面板选项】对话框。在该对话框中，可以选择不同大小的预览效果，如图 3-3 所示。

技　巧

打开【图层】面板的关联菜单，选择【面板选项】选项，即可在弹出的【图层面板选项】对话框中设置缩览图大小；或者在图层缩览图上右击，在弹出的菜单中直接可以选择缩览图层的大小。

图 3-3 选择缩览图大小

在制作复杂的图像效果时，【图层】面板会包含多种类型的图层，每种类型的图层都有不同的功能和用途，适合创建不同的效果。它们在【图层】面板中的显示状态也各不相同，如图 3-4 所示，各种类型的图层功能如表 3-2 所示。

3.1.2 图层基本操作

在 Photoshop 中，编辑操作都是基于图层进行的，比如创建新图层、复制图层、删除图层等。了解图层的基本操作后，才可以更加自如地编辑图像。

1. 创建与设置图层

在不同的图层中绘制图像，可以方便地更改某个图层，而不影响其他图层中的图像。单击【图层】面板底部的【创建新建图层】按钮，即可创建空白的普通图层，如图 3-5 所示。

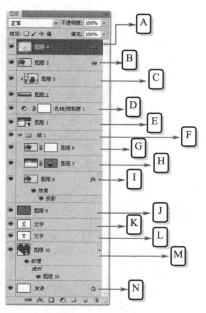

图 3-4 图层示意图

表 3-2　不同类型的图层功能

序号	名　称	功　能
A	当前工作图层	当前选择的图层。在编辑图像中，只能对当前工作的图层进行修改
B	链接图层	保持链接状态的多各图层，在移动其中一个链接图层时，同时也在移动其他链接的图层
C	剪贴蒙版	基底图层的透明像素会蒙盖其上方图层的内容，上层图层显示剪贴蒙版图标 ，剪贴蒙版常用于图像合成，在编辑和操作上都十分灵活
D	调整图层	调整图层可以调整图像的色彩，但不会永久地更改像素值，调整图层可以随时修改或删除，删除后即可恢复图像的原始状态
E	智能对象图层	包含有嵌入的智能对象图层，在放大或缩小含有智能对象的图层时，不会丢失图像像素
F	图层组	当【图层】面板中的图层数量较多时，可以通过创建图层组来组织和管理图层，以便于查找和编辑图层
G	图层蒙版图层	添加了图层蒙版的图层，通过对图层蒙版的编辑可控制图层中图像的显示范围和显示方式，是进行图像合成的重要方法
H	矢量蒙版图层	带有矢量形状的蒙版图层，由于矢量图层不受分辨率的限制，因此在进行缩放时可保持对象边缘光滑无锯齿，并且修改也较为容易，常用来创建图形、标志和 LOGO 等
I	图层样式	添加了图层样式的图层。Photoshop 提供了大量的图层样式，可快速创建特效，而且用户还可以对样式进行修改，并将修改后的效果保存为自定义的样式，以便于以后使用，图层样式删除后不会对图像产生影响
J	填充图层	通过填充"纯色"、"渐变"、"图案"等创建特殊效果的图层
K	变形文字图层	执行了变形操作的文字图层，Photoshop 提供了 15 种文字变形效果，比如"贝壳"、"花冠"、"旗帜"等。变形文字图层保持了文字的可编辑性
L	文字图层	使用文本工具输入文字，即可创建文字图层，文字图层在栅格化之前可以随时进行编辑修改
M	3D 图层	能够进行三维空间旋转与编辑的三维图层，其中包括多种三维类型
N	背景图层	【图层】面板中最下面的图层即为背景图层。背景图层不能进行移动、修改混合模式、设置透明度和添加蒙版等操作，但是可以双击将其转化为普通图层。在创建包含透明内容的新图像时，图像没有背景图层。一幅图像中最多只能有一个背景图层，也可以没有背景图层

　　当图层过多时，还可以通过设置图层的显示颜色来区分图像。对于现有的图层，可以选择【图层】面板的关联菜单中的【图层属性】命令，来设置当前图层的显示颜色，如图 3-6 所示。

提　示

当执行【图层】|【新建】|【图层】命令（快捷键 Ctrl+Shift+N）创建普通空白图层时，会弹出【新建图层】对话框。在该对话框中，除了【图层属性】对话框中的【名称】与【颜色】选项外，还包括【混合模式】与【不透明度】选项。

单击

图 3-5　创建空白图层

2. 选择图层与调整图层顺序

无论要进行哪种操作，首先要选择图层，这样才能够选中图层中的图像。要选择图层非常简单，只要在【图层】面板中单击该图层即可，如图3-7所示。

在编辑多个图层时，图层的顺序排列也很重要。上面图层的不透明区域可以覆盖下面图层的图像内容。如果要显示覆盖的内容此时需要对图层顺序进行调整。调整图层顺序的方法有以下几种。

- ❏ 选择要调整顺序的图层，执行【图层】|【排列】|【前移一层】命令（快捷键 Ctrl +]），该图层就可以上移一层，如图 3-8 所示。如果要将图层下移一层，执行【图层】|【排列】|【后移一层】命令（快捷键 Ctrl + [）。
- ❏ 选择要调整顺序的图层，同时拖动鼠标到目标图层的上方，然后释放鼠标即可调整该图层顺序，如图3-9所示。

■ 图 3-6　设置图层颜色

■ 图 3-7　选择图层

■ 图 3-8　前移一层

■ 图 3-9　手动调整图层顺序

3. 复制和删除图层

复制图层可以用来加强图像效果，如图3-10所示，同时也可以保护源图像，复制图层的方法有以下几种。

- ❏ 选择要复制的图层，然后执行【图层】|【复制图层】命令，在弹出的【复制图层】对话框中输入该图层名称。

■ 图 3-10　复制图层

❑ 选择要复制的图层，用鼠标将该图层拖动到【创建新图层】按钮 ▣ 上即可复制图层。

❑ 按 Ctrl + J 快捷键，执行【通过拷贝的图层】命令。

❑ 选择【移动工具】▸♦ 的同时，按住 Shift 键并拖动图像，即可复制图像所在的图层。

将没有用的图层删除可以有效地减少文件的大小。首先选择要删除的图层，单击【删除图层】按钮 🗑，或将图层拖动到该按钮上即可，如图 3-11 所示。

图 3-11　删除图层

4．锁定图层

锁定图层可以保护图层的透明区域、图像的像素、位置等不会因编辑操作而被改变，用户可以根据实际需要锁定图层的不同属性，如图 3-12 所示，各项功能如表 3-3 所示。

图 3-12　锁定图层按钮

■■■ 表 3-3　各个锁定选项功能

序号	图　标	名　　称	功　　能
A	🖾	锁定透明像素	单击该按钮后，可将编辑范围限制在图层的不透明部分
B	✏	锁定图像像素	单击该按钮，可防止使用绘画工具修改图层的像素。启用该项功能后，用户只能对图层进行移动和变换操作，而不能对其进行绘画、擦除或应用滤镜
C	✛	锁定位置	单击该按钮后，可防止图层被移动，对于设置了精确位置的图像，将其锁定后就不必担心被意外移动了
D	🔒	锁定全部	单击该按钮后，可锁定以上全部选项。图层被完全锁定时，【图层】面板中锁状图标显示为实心；图层被部分锁定时，锁状图标是空心的

5．图层的链接

需要同时对多个图层进行变换操作，比如移动、旋转、缩放时，按住 Ctrl 键单击【图层】面板中需要变换的图层，将它们选择之后单击【图层】面板下方的【链接图层】按钮 🔗 即可，如图 3-13 所示。

建立了图层链接以后不但可以对图层进行整体移动，而且还可以对链接图层进行对齐排列。可以执行【图层】|【对齐】或【图层】|【分布】子菜单下的各个命令实现对齐排列，也

图 3-13　链接图层

可以在工具选项栏中单击各个按钮来完成操作，如图 3-14 所示，各个选项的功能如表 3-4 所示。

工具选项栏中还包括【自动对齐图层】按钮，【自动对齐图层】功能可以根据不同图层中的相似内容（如角和边）自动对齐图层。可以指定一个图层作为参考图层，也可以让 Photoshop 自动选择参考图层，其他图层将与参考图层对齐，以便使匹配的内容能够自行叠加。

图 3-14　平均分布

表 3-4　对齐与分布按钮以及作用

分类	图标	名称	功　　能
对齐		顶边	将所有链接图层最顶端的像素与作用图层最顶端的像素对齐
		垂直居中	将所有链接图层垂直方向的中心像素与作用图层垂直方向的中心像素对齐
		底边	将所有链接图层最底端像素与作用图层的最底端像素对齐
		左边	将所有链接图层最左端的像素与作用图层最左端的像素对齐
		水平居中	将所有链接图层水平方向的中心像素与作用图层水平方向的中心像素对齐
		右边	将所有链接图层最右端的像素与作用图层最右端的像素对齐
分布		顶边	从每个图层最顶端的像素开始，均匀分布各链接图层的位置，使它们最顶边的像素间隔相同的距离
		垂直居中	从每个图层垂直居中像素开始，均匀分布各链接图层的位置，使它们垂直方向的中心像素间隔相同的距离
		底边	从每个图层最底端的像素开始，均匀分布各链接图层的位置，使它们最底端的像素间隔相同的距离
		左边	从每个图层最左端的像素开始，均匀分布各链接图层的位置，使它们最左端的像素间距相同的距离
		水平居中	从每个图层水平居中像素开始，均匀分布各链接图层的位置，使它们水平方向的中心像素间隔相同的距离
		右边	从每个图层最右端的像素开始，均匀分布各链接图层的位置，使它们最右端的像素间隔相同的距离

要应用该功能，首先要将相似的图像放置在同一个文档中，然后同时选中后，单击工具选项栏中的【自动对齐图层】按钮，弹出【自动对齐图层】对话框，如图 3-15 所示。在该对话框中，各个选项及作用如下。

❑ 投影
    ➢ 自动　Photoshop 将分析源图像并应用【透视】或【圆柱】版面（取决于哪一种版面能够生成更好的复合图像）。
    ➢ 透视　通过将源图像中的一个图像

图 3-15　【自动对齐图层】对话框

（默认情况下为中间的图像）指定为参考图像来创建一致的复合图像。然后将变换其他图像（必要时进行位置调整、伸展或斜切），以便匹配图层的重叠内容。

> **圆柱** 通过在展开的圆柱上显示各个图像来减少在【透视】版面中会出现的"领结"扭曲。图层的重叠内容仍匹配。将参考图像居中放置。最适合于创建宽全景图。

> **球面** 将图像与宽视角对齐（垂直和水平）。指定某个源图像（默认情况下是中间图像）作为参考图像，并对其他图像执行球面变换，以便匹配重叠的内容。

> **拼贴** 对齐图层并匹配重叠内容，不更改图像中对象的形状。

> **调整位置** 对齐图层并匹配重叠内容，但不会变换（伸展或斜切）任何源图层。

□ **镜头校正**

> **晕影去除** 对导致图像边缘（尤其是角落）比图像中心暗的镜头缺陷进行补偿。

> **几何扭曲** 补偿桶形、枕形或鱼眼失真。

启用【投影】选项组中的某个选项，单击【确定】按钮即可完成图像叠加效果。图 3-16 所示为启用【自动】选项得到的叠加效果。

6. 设置图层透明度

在【图层】面板中，包含两个透明度选项图层总体【不透明度】与【填充】选项。这两个选项虽然都是用来设置图层图像的不透明度效果，但是前者是用来设置图层中所有图像的不透明度效果；后者则是用来设置图层中填充效果的不透明度。

◆ **图 3-16** 自动对齐图层

◆ **图 3-17** 设置【不透明度】参数

例如，为图层中的图像添加【描边】图层样式后，设置【不透明度】参数为 30%，那么画布中的图像透明度将整体降低，如图 3-17 所示。

技 巧

对于【不透明度】整数参数的设置，还可以通过小键盘中的数字来设置，其中数字 0 代表 100%。

如果保持【不透明度】参数为 100%，而设置【填充】参数为 30%，那么红色描边效果不变，图像本身降低透明效果，如图 3-18 所示。

◆ **图 3-18** 设置【图层内部不透明度】参数

3.2 图层合并与盖印功能

平面图像是由不同的图像组合而成的，要想简化图层，可以将图层合并；要想在制作过程中，保留阶段性效果或者保留制作过程，则可以通过盖印图层功能新建并合并图层，在新图层中得到合并效果。

3.2.1 合并图层

越是复杂的图像，其图层数量就越多。这样不仅导致图形文件多大，还会给存储和携带带来很大的麻烦，此时可以通过不同方式进行图层合并。

1. 向下合并图层

要想合并相邻的两个图层或组，可以执行【图层】|【向下合并】命令（快捷键 Ctrl+E），将其合并为一个图层，如图 3-19 所示。

图 3-19　向下合并图层

2. 合并可见图层

当【图层】面板中存在隐藏图层时，执行【图层】|【合并可见图层】命令（快捷键 Ctrl+Shift+E），能够将隐藏图层以外的所有图层合并，如图 3-20 所示。

3. 拼合图像

拼合图像能够将所有显示的图层合并为背景图层。如果【图层】面板中存在隐藏图层，那么必须先将其删除才能够合并所有的图层，如图 3-21 所示。

图 3-20　合并可见图层

3.2.2 使用盖印功能

盖印图层是一种特殊的图层合并方法，它可以将多个图层的内容合并为一个目标图层，同时使其他图层保持完好。当需要得到对某些图层的合并效果，而又要保持原图层信息完整的情况下，通过盖印合并图层可以达到很好的效果。

该命令在 Photoshop 菜单中无法找到，

图 3-21　拼合图像

当执行命令之后，可以在【历史记录】面板中查看，如图3-22所示。

1．盖印两个图层

在【图层】面板中，可以将某一图层中的图像盖印至下面的图层中，而上面图层的内容保持不变。如图 3-23 所示，首先选择"图层 2"，按 Ctrl+Alt+E 快捷键执行盖印操作，之后会在"图层 1"发现"图层 2"的内容。

2．盖印多个图层

图 3-22　【盖印图层】命令

在盖印多个选定的图层时，Photoshop 会创建一个包含合并内容的新图层，而保留原图层的信息不变。其方法是选择多个图层，按 Ctrl+Alt+E 快捷键即可，如图 3-24 所示。

图 3-23　盖印两个图层

图 3-24　盖印多个图层

在盖印多个图层时，这些图层可以是不连续的，盖印所产生的图层位于所有选择图层的最上面。如果选择的图层中包含背景图层，则图像将盖印至背景图层中，如图 3-25所示。

3．盖印可见图层

如果需要将所用图层的信息合并到一个图层，并且保留源图层的内容。首先选择一个可见图层，按 Ctrl+Shift+Alt+E 快捷键盖印可见图层。执行完操作后，所有可见图层被盖印至一个新建的图层中，如图 3-26 所示。

3.3　使用图层组功能

图 3-25　将图层盖印至背景图层中

在创建复杂的图像作品时，就会存有大量不同类型、不同内容的图层，为了方便组织和管理图层，Photoshop 提供了图层组功能。

3.3.1 创建图层组

图层组的创建是为了更好地管理图层，使用图层组功能可以很容易地将图层作为一组来进行移动，比链接图层更方便、快捷。

单击【图层】面板底部的【创建新组】按钮 ，即可创建一个图层组，此时再创建图层时，就会在图层组中创建，如图 3-27 所示。

如果选中多个图层，执行【图层】|【从图层新建组】命令（快捷键 Ctrl+G），可以将选中的图层放置在新建图层组中，如图 3-28 所示。

图 3-26 盖印可见图层

图 3-27 创建图层组

图 3-28 为现有图层创建图层组

技 巧

选中多个图层，按住 Shift 键单击【图层】底部的【创建新组】按钮 ，同样能够从图层中创建新组。选择图层组时，按 Ctrl+Shift+G 快捷键可以取消图层组。

在 Photoshop 中，可以将当前的图层组嵌套在其他图层组内，这种嵌套结构最多可以分为 5 级，如图 3-29 所示。方法是只要在图层组中选中图层，按 Ctrl+G 快捷键即可创建嵌套图层组。

3.3.2 编辑图层组

图 3-29 嵌套图层组

图层组与链接图层具有相同的操作功能，比如同时移动或者变换图层组中所有图层中的图像。与链接图层不同的是，图层组还具有图层的属性，比如设置图层的【不透明度】选项等。

无论图层组中包括多少图层，只要设置该图层组的【不透明度】选项，就可以同时控制该图层组中所有图层的不透明度显示，如图 3-30 所示。

图层组的建立不仅能对多个图层进行同时操作，而且还能节约【图层】面板空间。只要单击图层组前的小三角图标 ▼，即可折叠图层组，如图 3-31 所示。

提 示

如果需要保留图层，仅删除图层组，可以在选择图层组后，单击【删除图层】按钮 🗑，在弹出的对话框中单击【仅组】按钮即可。如果要同时删除图层组和其中的所有图层，只要选中该图层组，按 Delete 键即可。

图 3-30 设置图层组的不透明度

图 3-31 折叠图层组

3.4 智能图层

智能对象是包含栅格或矢量文件（如 Photoshop 或 Illustrator 文件）中的图像数据图层，就是说在对智能对象添加了其他编辑命令后，还可以保留图像的源内容及其所有原始特性，而不会对图层内容有破坏性的编辑。

3.4.1 执行非破坏性变换

在编辑位图图像时，对图像进行旋转、缩放时容易产生锯齿或图像模糊等问题。如果在进行这些操作之前，将图像创建为智能对象，那么就可以保持图像的原始信息。

在【图层】面板中，右击图像所在图层，选择【转换为智能对象】命令，将普通图层转换为智能图层，如图 3-32 所示。

这时按 Ctrl+T 快捷键进行成比例缩小后，再次显示变换控制框时，发现工具选项栏中的参数值保持变换后的参数值，如图 3-33 所示。

提 示

在对非智能对象进行变换操作时，如果多次缩放图像，则每缩放一次后，再次缩放时图像会以上一次的缩放结果为基准进行缩放；而智能对象则始终以原始图像的大小为基准计算缩放时的比例。

图 3-32 转换为智能对象

图 3-33 缩小尺寸

双击智能图层缩览图，弹出提示对话框，单击【确定】按钮后，打开一个新文档。该文档为"飞机"的原始文件，可以看到图层中的内容保持着原始的大小，并没有发生任何变化，如图3-34所示。

注 意

在Photoshop中，有些命令不能应用于智能对象图层中，比如透视和扭曲命令等。

将智能图层复制多份，并将副本图层放置在画布左侧，然后成比例缩小排列，效果如图3-35所示。

双击"飞机"图层缩览图，在打开的文档中，通过【色相/饱和度】命令改变智能对象的颜色，如图3-36所示。

这时保存该文档中的图像后，返回智能对象所在文档，发现源智能对象更改后，所有的智能对象副本均得到了更新，如图3-37所示。

提 示

由于复制的智能对象与源智能对象保持链接，因此修改源智能对象后，副本也会更新效果；同样，对副本编辑后，源智能对象也会得到更新。

图3-34 智能对象原文件

图3-35 复制智能对象

图3-36 改变智能对象的颜色

图3-37 自动更新

3.4.2 替换智能对象

Photoshop中的智能对象具有很大的灵活性，将图层转换为智能对象时，可以执行【图层】|【智能对象】|【替换内容】命令，在弹出的【置入】对话框中选择将要替换的图像文件，如图3-38所示。

这时，用新的图片替代源图片即可更换智能对象，如图 3-39 所示。在替换智能对象内容时，其链接的副本智能图层中的内容同时也被替换。

图 3-38　【置入】对话框

图 3-39　替换对象

3.5　中性色图层

　　在 Photoshop 中，中性色图层的应用非常广泛，适当使用能够创造出一般处理手法所不能达到的效果，例如创建灯光等效果。在创建中性色图层时，系统会首先使用预设的中性色来填充图层，然后依据图层的混合模式来分配这种不可见的中性色。如果不应用效果，中性色图层是不会对其他图层产生任何影响的。

3.5.1　创建中性色图层

　　中性色是根据图层的混合模式指定的。执行【图层】|【新建】|【图层】命令（快捷键 Ctrl+Shift+N），在弹出的【新建图层】对话框中，设置【混合模式】选项后，启用相应的【填充强光中性色】选项创建中性色图层，如图 3-40 所示。

注　意

在创建中性色图层时，所需要的模式中不可以使用"正常"、"溶解"、"实色混合"、"色相"、"饱和度"、"颜色"或"明度"等混合模式。

图 3-40　创建中性色图层

3.5.2　在中性色图层上应用滤镜

　　在中性色图层中，可以执行某些无法在普通透明图层中操作的滤镜命令，比如在中性色图层中添加镜头光效果。首先打开【信息】面板，将光标指向将要添加镜头光的位置，确定其坐标值，如图 3-41 所示。

在中性色图层中，执行【滤镜】|【渲染】|【镜头光晕】命令。按住 Alt 键单击对话框中的显示区域，设置精确光晕位置，得到车灯光效果，如图 3-42 所示。

对于中性色图层的编辑，不仅仅局限于滤镜命令，也可以使用蒙版、图层样式或者混合模式等命令以及对中性色图层进行显示、隐藏、锁定、复制等基本操作。通过使用绘画工具，也可以对中性色图层的效果进行修改。

图 3-41　确定坐标值

图 3-42　创建镜头光

3.6　课堂练习：夕阳下的飞行

本实例制作的是夕阳下的飞行效果，如图 3-43 所示。该效果的制作主要是通过现有素材图层的组合来完成的，其中图层复制、智能对象变换以及中性色图层的建立与应用等功能是该实例制作过程中所要掌握的。

操作步骤：

1　按 Ctrl+O 快捷键，将所有准备好的素材文件导入至 Photoshop 中，然后选中文档"夕阳.jpg"，执行【图像】|【复制】命令，在弹出的【复制图像】对话框中设置文档名称为"夕阳下的飞行"，如图 3-44 所示。

2　将文档"热气球.png"中的图像拖入文档"夕阳下的飞行"的画布中，并将其放置在画布左侧，如图 3-45 所示。

3　按 Ctrl+J 快捷键复制"图层 1"为"图层 1 副本"，并右击该图层选择【转换为智能对

象】命令。按 Ctrl+T 快捷键成比例缩小智能对象，如图 3-46 所示。

图 3-43　最终效果

图 3-44 复制文档

图 3-45 放置图像

图 3-46 缩小智能对象

4 连续按 Ctrl+J 快捷键，复制多个变换后的智能对象，分别设置缩放比例为 18%、10%、8%、6%、4%、3%以及 2%，并按照近大远小的原理进行放置，如图 3-47 所示。

图 3-47 复制与缩小

5 在【图层】面板中，分别由大到小降低图像的图层总体不透明度参数，形成渐隐效果，如图 3-48 所示。

图 3-48 设置图层总体不透明度

6 将文档"飞鸟.png"中的图像拖入文档"夕阳下的飞行"中，并将其放置在光源右上角的位置，如图 3-49 所示。

图 3-49 放置飞鸟图像

7 选中背景图层以外的所有图层，按 Ctrl+G 快捷键为其创建"组 1"图层组。将该图层组拖至【图层】面板底部的【新建图层】按钮 ，复制该图层组，如图 3-50 所示。

图 3-50 创建并复制图层组

8 选中"组 1 副本"图层组，按 Ctrl+T 快捷键，将变换中心点移动至变换框的正下方。右击选择【垂直翻转】命令，形成倒影雏形，如图 3-51 所示。

图 3-51　垂直翻转

9 在【图层】面板中，设置该图层组的【混合模式】为"线性加深"，图层总体不透明度为 25%，形成水中倒影效果，如图 3-52 所示。

图 3-52　设置图层属性

10 执行【图层】|【新建】|【图层】命令（快捷键 Ctrl+Shift+N），在弹出的【新建图层】对话框中，设置【混合模式】为"滤色"，并启用【填充屏幕中性色（黑）】选项，创建"图层 3"，如图 3-53 所示。

图 3-53　创建中性色图层

11 打开【信息】面板，使用【移动工具】，指向在画布中的光源区域。确定【信息】面板中的坐标值，如图 3-54 所示。

图 3-54　确定坐标值

12 执行【滤镜】|【渲染】|【镜头光晕】命令，按住 Alt 键单击对话框中的显示区域，设置精确光晕位置，并设置其他选项为光源添加光晕效果，如图 3-55 所示。

图 3-55　添加【镜头光晕】滤镜

13 最后将文档"文字.png"中的文字图像拖入文档"夕阳下的飞行"的画布中，并将其放置在热气球的右侧，如图 3-56 所示，完成最终操作。

图 3-56 添加文字

3.7 课堂练习：马赛克字母效果

本实例制作的是马赛克字母效果，如图 3-57 所示。在制作过程中，主要通过复制图层与分布链接图层来制作等距离的方格，而【色板】面板中的色块则用来为每一个方格填充不同的颜色。

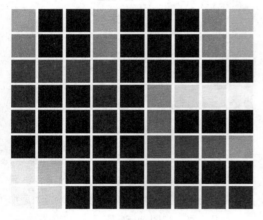

图 3-57 马赛克字母效果

操作步骤：

1 按 Ctrl+N 快捷键，创建 500×400 像素的空白画布。单击【图层】面板底部的【新建图层】按钮 ，创建空白图层。选择工具箱中的【矩形选框工具】 ，在工具选项栏中设置【样式】为"固定大小"，【宽度】与【高度】均为 50 像素，在画布左上角区域单击建立正方形选区并填充为黑色，如图 3-58 所示。

2 按 Ctrl+D 快捷键取消选区后，连续按 Ctrl+J 快捷键复制 8 个图层。然后将最上方的黑色方格水平移动至画布的最右上角，如图

3-59 所示。

图 3-58 建立文档与选区

图 3-59 复制图层

3 选中背景图层以外的所有图层，单击【图层】面板底部的【链接图层】按钮 ⊂⊃。单击工具选项栏中的【水平居中分布】按钮 ⫿∲⫿，平均分布链接的图层对象，如图3-60所示。

图 3-60　平均分布

4 将选中的链接图层，拖至【图层】面板底部的【新建图层】按钮 ⊐ 进行复制。然后垂直向下移动，使其间距与水平间距相等。依次类推，使黑色方格显示在整个画布中，如图3-61所示。

图 3-61　复制并移动

技 巧

按住 Shift 键的同时按方向键，图像能以 10 像素为单位进行移动。而在上图中，行间距与列间距均为 5 像素。

5 执行【图像】|【显示全部】命令，扩展画布完全显示黑色方格。打开【色板】面板，单击"蜡笔红"色块，设置工具箱中的前景

色为该颜色。右击画布左上角的黑色方格，选择该图像所在图层。按住 Ctrl 键，单击该图层的缩览图载入选区，按 Alt+Delete 快捷键进行填充，如图3-62所示。

图 3-62　填充现有颜色

6 在【色板】面板中单击浅红色块，设置为前景色。在画布中，右击左上角向下第二个方格，选择图像所在图层后，按住 Ctrl 键单击该图层缩览图载入选区。按 Alt+Delete 快捷键进行填充，如图3-63所示。

图 3-63　载入选区并填充

7 按照上述方法，在画布中依次向下载入选区，并且填充【色板】面板中的现有颜色，形成色块渐变效果，如图3-64所示。

8 右击第3行第2列的方格图像，并选择其所在图层。载入该图层选区后，填充第3行第1列方格颜色。依次类推，填充同行方格相同的颜色。然后用左侧方格颜色填充右侧相应的方格，如图3-65所示。

图 3-64 载入选区并填充

图 3-65 填充方格颜色

提 示

在选择颜色进行填充时，要尽量选择同色系的颜色进行填充，这样能够形成色块渐变效果。而为了使画面效果更加和谐，这里依次使用了红、黄、绿、蓝色系进行填充。

9 右击右侧第 4 行第 1 个方格，选择其所在图层。载入选区后填充【色板】面板中的蜡笔黄颜色。然后依次向左填充【色板】面板 "蜡笔黄" 颜色下方的颜色，如图 3-66 所示。

图 3-66 填充黄色系颜色

10 使用上述方法，垂直向下选中方格所在图层并载入选区，填充【色板】面板中的绿色系颜色，如图 3-67 所示。

图 3-67 填充绿色系颜色

11 依此类推，水平向左选中方格所在图层并载入选区。填充【色板】面板中的蓝色系颜色，如图 3-68 所示。

图 3-68 填充蓝色系颜色

12 在半封闭式区域中由左至右选中方格所在图层并载入选区。填充【色板】面板中的绿色系颜色，如图 3-69 所示。

13 使用上述方法，选择【色板】面板中的两种色系。分别在画布左下角与右上角区域填充 4 个方格，形成渐变色块，完成最终制作，如图 3-70 所示。

图 3-69　填充草绿色系颜色

图 3-70　填充渐变色块

3.8　思考与练习

一、填空题

1.【_____】面板是图层操作中必不可少的工具，主要是用于显示当前图像的图层信息。

2. 如果要采用对齐链接图层，首先要建立_____或者以上的图层链接；如果要采用分布链接图层，则要建立_____或者以上的图层链接。

3. 要禁止在画布透明区域绘制与编辑时，可以单击【图层】面板中的_____按钮。

4. 盖印可见图层的快捷键是_____。

5. _____在进行变换后还可以保持原图像信息。

二、选择题

1.【通过剪切的图层】命令相对应的快捷键是_____。

    A．Ctrl+Shift+I

    B．Ctrl+Shift+J

    C．Ctrl+I

    D．Ctrl+J

2. 当图层中出现图标🔒时，表示该图层_____。

    A．与上一图层链接

    B．与下一图层编组

    C．已被锁定

    D．以上都不对

3. 要将当前图层与下一图层合并，可以按快捷键_____。

    A．Ctrl+E   B．Ctrl+F

    C．Ctrl+D   D．Ctrl+G

4. 与【通过复制的图层】命令对应的快捷键是_____。

    A．Ctrl+Shift+I

    B．Ctrl+Shift+J

    C．Ctrl+I

    D．Ctrl+J

5.【后移一层】命令相对应的快捷键是_____。

    A．Ctrl+[B．Ctrl+]

    C．Ctrl+Shift+[D．Ctrl+Shift+]

三、问答题

1. 向下移动图层的快捷键是什么？

2. 盖印图层功能包括几种情况，分别是什么？

3. 如何为现有的图层创建图层组？

4. 如何将普通图像转换为智能对象？

5. 什么是中性色图层？

四、上机练习

1. 有序排列对象

对于画布中凌乱的对象摆放，可以通过图层的选中与链接，然后单击工具选项栏中的排列与分布按钮，来进行有序地排列。这里就是通过单击【底对齐】按钮█与【水平居中对齐】按钮█，来实现有序排列的，如图 3-71 所示。

2. 任意放大与缩小对象

在 Photoshop 中，对图像进行缩小再放大后，即使放大为原尺寸，也会使图像变得不清晰。要想在保持图像清晰度的情况下任意缩小与放大对象，可以在变换之前将对象转换为智能对象，如图 3-72 所示。

图 3-72 转换为智能对象

第 4 章

选区基础知识

    Photoshop 是一个图像合成软件，合成图像不仅包括不同图像之间的整体合成，也包括不同图像之间的局部合成，局部选取是一项非常重要的操作。选取范围的优劣、准确与否都与图像编辑的成败有着密切的关系。因此，在最短时间内进行有效地、精确地范围选取能够提高工作效率和图像质量，为以后的图像处理工作奠定基础。

    在该章节中，主要介绍 Photoshop 中最基本的选取工具，以及如何根据不同的图像特点使用不同的选取工具进行选区的建立。

本章学习要点：

➢ 创建不同形状的选区

➢ 控制选区的范围

➢ 调整边缘

➢ 编辑选区

➢ 内容感知型填充

无论使用何种选取工具建立选区，得到的均是由蚂蚁线所圈定的区域。根据不同图像的边缘，Photoshop 提供了不同的选取工具与命令。选取工具包括规则选取工具与特殊选择工具，而选取命令包含【色彩范围】命令。

● 4.1.1 规则选取工具

Photoshop 中规则选取工具包括【矩形选框工具】□、【椭圆选框工具】○、【单行选框工具】□□与【单列选框工具】□，如图 4-1 所示。

图 4-1 选框工具

1．矩形/椭圆选框工具

选框工具中的【矩形选框工具】□与【椭圆选框工具】○是 Photoshop 中最常用的选取工具。在工具箱中选择【矩形选框工具】□，在画布上单击并拖动鼠标，将绘制出一个矩形区域，释放鼠标后会看到区域四周有流动的虚线。在工具选项栏中包括 3 种样式：正常、约束长宽比与固定大小。在【正常】样式下，可以创建任何尺寸的矩形选区，如图 4-2 所示。

图 4-2 正常样式下的矩形选区创建

选择【矩形选框工具】□后，在工具选项栏中设置【样式】为约束长宽比，默认参数值【宽度】与【高度】为 1∶1，这时创建的选区不限制尺寸，但是其宽度与高度比例相等，为正方形；如果在文本框中输入其他数值，会得到其他比例的矩形选区，如图 4-3 所示。

如果在工具选项栏中设置【样式】为固定大小，那么在【宽度】与【高度】文本框中输入想要创建选区的尺寸，在画布中单击即可创建固定尺寸的矩形选区，如图 4-4 所示。

图 4-3 创建固定比例的矩形选区

> **技 巧**
>
> 【约束长宽比】和【固定大小】样式中的【宽度】和【高度】之间双向箭头的作用是交换两个选项的数值。

创建矩形选区后，马上联想到椭圆选区。选择工具箱中的【椭圆选框工具】○，在工具选项栏中除了可以设置与矩形工具相同的选项外，还可以设置椭圆选区的【消除锯齿】选项，该选项是用于消除曲线边缘的马赛克效果，图 4-5 出示了启用与禁用该选项得到的边缘效果。

图 4-4　创建固定大小的矩形选区

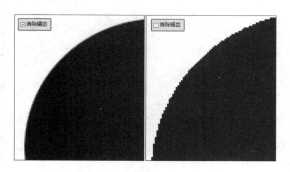

图 4-5　【消除锯齿】效果对比图

技　巧

创建矩形或者椭圆选区时，按住 Shift 键单击并拖动鼠标得到的是正方形或者正圆形选区；按住 Alt 键，以鼠标单击处为中心向外创建选区；同时按住 Shift+Alt 快捷键，可以创建以鼠标单击处为中心点向外的正方形或者正圆形选区。

2．单行/单列选框工具

工具箱中的【单行选框工具】与【单列选框工具】，可以选择一行像素或者一列像素，如图 4-6 所示。其工具选项栏与【矩形选框工具】相同，只是【样式】选项不可设置。

注　意

凡是选取工具创建的区域均是闭合区域，只不过【单行选框工具】与【单列选框工具】创建的区域只有一个像素的高度或者宽度。如果放大图像显示，则可以看到创建的是一个闭合的选择区域。

图 4-6　创建单行或者单列选区

● 4.1.2　不规则选择工具

在多数情况下，要选取的范围并不是规则的区域范围，而是不规则区域，这时就需要使用创建不规则区域的工具——套索工具组与魔棒工具组，如图 4-7 所示。

图 4-7　不规则区域工具

1．套索工具组

Photoshop 中的套索工具组包括【套索工具】、【磁性套索工具】与【多边形套索工具】。其中【套索工具】也可以称为曲线套索，使用该工具创建的选区是不精确的不规则选区，如图 4-8 所示。

提 示

使用【套索工具】创建曲线区域时，如果鼠标指针
没有与起点重合，那么释放鼠标后，会自动与起点
之间生成一条直线，封闭未完成的选择区域。

在背景与主题色调对比强烈，并且主题
边缘复杂的情况下，使用【磁性套索工具】
可以方便、准确、快速地选取主体图像。只
要在主体边缘单击即可沿其边缘自动添加节
点，如图 4-9 所示。

选择【磁性套索工具】后，工具选项
栏中显示其选项，选项名称及功能如表 4-1

图 4-8　使用【套索工具】创建选区

所示。图 4-9 为默认的选项数值得到的选区效果，而图 4-10 所示为更改选项数值后得到
的选区效果，发现节点明显减少，而生成的选区也不够精确。

图 4-9　使用【磁性套索工具】创建选区

图 4-10　更改选项数值得到的选区

表 4-1　【磁性套索工具】选项及功能

选　项	功　　能
宽度	用于设置该工具在选取时指定检测的边缘宽度，其取值范围是 1～40 像素之间，值越小检测越精确
对比度	用于设置该工具对颜色反差的敏感程度，其取值范围是 1%～100% 之间，数值越高，敏感度越低
频率	用于设置该工具在选取时的节点数，其取值范围是 0～100 之间，数值越高选取的节点越多，得到的选区范围也越精确
钢笔压力	用于设置绘图板的钢笔压力，该选项只有安装了绘图板及驱动程序时才有效

【多边形套索工具】是通过鼠标的连续单击创建多边形选区的，比如五角星等区
域。该工具选项栏与【套索工具】完全相同。在画布中的不同位置单击形成多边形，当
指针带有小圆圈形状时单击可以生成多边形选区，如图 4-11 所示。

在选取过程中按住 Shift 键可以保持水平、垂直或者 45 度角的轨迹方向绘制选区。如果想在同一选区中创建曲线与直线，那么在使用【套索工具】与【多边形工具】时，按 Alt 键可以在两者之间快速切换。

2. 魔棒工具组

　　【魔棒工具】与选框工具、套索工具不同，它是根据在图像中单击处的颜色范围来创建选区的，也就是说某一颜色区域为何形状，就会创建该形状的选区。选择【魔棒工具】后，在工具选项栏中出现一些与其他工具不同的选项，其功能如下。

图 4-11　使用【多边形套索工具】创建选区

　　❑【容差】　设置选取颜色范围的误差值，取值范围在 0～255 之间，默认的容差数值为 32。输入的数值越大，则选取的颜色范围越广，创建的选区就越大；反之选区范围越小，如图 4-12 所示。

图 4-12　不同容差值创建的连续选区

　　❑【连续的】　默认情况下为启用该选项，表示只能选中与单击处相连区域中的相同像素；如果禁用该选项则能够选中整幅图像中符合该像素要求的所有区域，如图 4-13 所示。

　　❑【用于所有图层】　当图像中包含多个图层时，启用该选项后可以选中所有图层中符合像素要求的区域；禁用该选项后，则只对当前作用图层有效。

图 4-13　相同容差值创建的连续与不连续选区

3. 快速选择工具

　　可以使用【快速选择工具】，利用可调整的圆形画笔笔尖快速建立选区。拖动时，选区会向外扩展并自动查找和跟随图像中定义的边缘。

❑ 创建选区

选择【快速选择工具】 后，工具选项栏中显示【新选区】 、【添加到选区】 和【从选区减去】 。当启用【新选区】 并在图像中单击建立选区后，此选项将自动更改为【添加到选区】 ，如图4-14所示。

当笔尖处于某种颜色区域内单击后，得到的选区是根据颜色像素建立的；如果将笔尖放置在两种颜色之间，那么单击后得到的选区包括这两种颜色，如图4-15所示。

图 4-14　创建选区1

图 4-15　选择两种颜色区域

❑ 笔尖大小

要更改【快速选择工具】的笔尖大小，可以单击选项栏中的【画笔】选项并输入像素大小或移动【直径】滑块。图4-16出示了笔尖大小为50像素建立的选区，发现选区的范围还会随着笔尖的放大而扩大选区的范围。

技 巧

在建立选区时，按右方括号键（]）可增大【快速选择工具】画笔笔尖的大小；按左方括号键（[）可减小【快速选择工具】画笔笔尖的大小。

❑ 自动增强

【自动增强】选项是用来减少选区边界的粗糙度和块效应的。启用【自动增强】选项会自动使选区进一步向图像边缘流动并应用一些边缘调整，图4-17出示了禁用与启用该选项得到相同选区后填充的颜色效果对比。

图 4-16　改变笔尖大小

图 4-17　禁用或者启用【自动增强】选项

4.1.3 【色彩范围】命令

创建选区除了使用选取工具外，还可以使用命令来创建。Photoshop 在【选择】菜单中设置了【色彩范围】命令来创建选区，该命令与【魔棒工具】类似，都是根据颜色范围创建选区。执行【选择】|【色彩范围】命令，打开如图 4-18 所示的对话框。

1. 选取颜色

在【色彩范围】对话框中，使用【取样颜色】选项可以选取图像中的任何颜色。在默认情况下，使用【吸管工具】

○ 图 4-18　【色彩范围】对话框

在图像窗口中单击选取一种颜色范围，单击【确定】按钮后，显示该范围选区，如图 4-19 所示。

提　示

当【色彩范围】对话框被打开后，在图像窗口中的光标会变成吸管图标。

2. 颜色容差

【色彩范围】对话框中的【颜色容差】与【魔棒工具】中的【容差】相同，均是选取颜色范围的误差值，其数值越小，选取的颜色范围就越小，如图 4-20 所示为【颜色容差】为 10 得到的选区。

○ 图 4-19　使用默认选项创建选区

○ 图 4-20　更改【颜色容差】得到的选区

3. 添加与减去颜色数量

【颜色容差】选项更改的是某一颜色像素的范围，而对话框中的【添加到取样】 与

【从取样中减去】 ✐ 是增加或者减少不同的颜色像素。图 4-21 所示为在红色像素范围内增加绿色像素得到的选区。

4. 反相

当图像中的颜色复杂时，想要选择一种颜色或者其他 N 种颜色像素，就可以使用【色彩范围】命令。在该对话框中选中较少的颜色像素后，启用【反相】选项，单击【确定】按钮后得到反方向选区，如图 4-22 所示。

图 4-21　增加不同颜色像素范围　　　　图 4-22　启用【反相】选项得到反方向选区

5. 保存与载入

当在【色彩范围】对话框中选中颜色范围后，可以将其保存。单击对话框中的【存储】按钮，将颜色范围以及相关参数值以 AXT 格式加以保存，如图 4-23 所示。

这样就可以在不同阶段重新选择该颜色范围，方法是单击【载入】按钮，选择保存的数据即可，如图 4-24 所示。

图 4-23　保存选项参数值

图 4-24　载入现有的选项参数值

4.2 选区基本操作

了解如何使用不同的工具选取不同的选区后，还必须了解关于选区的简单操作。比如除了上述工具与命令可以创建选区外，还有什么方法可以创建选区，如何移动选区或选区内的图像，如何保存与再次载入选区等操作。这些看似简单的操作，在实际工作中却是最常用到的。

4.2.1 全选与反选

不同的形状选区可用不同的选取工具来创建，要是以整个图像或画布区域建立选区，那么可以执行【选择】|【全选】命令（快捷键Ctrl+A），如图4-25所示。

当在选区中完成操作后，可以将选区删除，这样才可以在图像其他位置继续操作。执行【选择】|【取消选择】命令（快捷键Ctrl+D）删除选区。

技 巧

当删除选区后，想再一次显示该选区，那么执行【选择】|【重新选择】命令（快捷键 Ctrl＋Shift＋D）即可。

当已经在图像中创建选区后，想要选择该选区以外的像素时，可以执行【选择】|【反向】命令（快捷键 Ctrl+Shift+I）即可，如图4-26所示。该命令与【色彩范围】中的【反相】选项相似。

要想隐藏选区而不删除，可以执行【视图】|【显示额外内容】命令（快捷键Ctrl+H），重新显示选区再执行该命令即可。如果在编辑工作中，只能在局部绘制或者操作，是因为隐藏了选区而不是删除了选区，如图4-27所示。

4.2.2 移动选区

当创建选区后，可以随意移动选区以调整选区位置，移动选区不会影响图像本身效果。使用鼠标移动选区是最常用的方法，确保当前选择了选取工具，将鼠标指向选区内，按住左

图 4-25 选择整个画布

图 4-26 反向选区

图 4-27 在隐藏选区的画布中绘制

键拖动即可，如图 4-28 所示。在创建选区的同时也可以移动选区，方法是按住空格键并拖动鼠标即可。

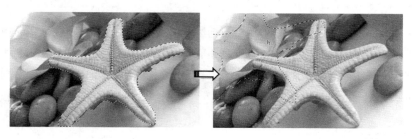

图 4-28　移动选区

提　示

想要精确地移动选区，可以通过键盘上的 4 个方向键实现。如果移动 10 个像素的距离需要结合 Shift 键。

如果想在同一图层中移动部分图像，那么可以在创建选区后，选择工具箱中的【移动工具】 ，单击并拖动选区即可同时移动选区和选区内的图像，如图 4-29 所示。

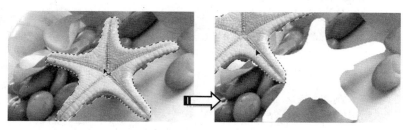

图 4-29　移动选区内的图像

技　巧

创建选区后，还可以在不选择【移动工具】的情况下移动选区内的图像，方法是按住 Ctrl 键单击并且拖动选区。

4.2.3　存储与载入选区

创建一个较为精确的选区往往需要花费很长时间才能完成，在创建选区后可以将其保存起来，以便在需要时载入重新使用，提高工作效率。

1．保存选区

使用选区工具或命令创建选区后，执行【选择】|【存储选区】命令，如图 4-30 所示，其中的选项及功能如表 4-2 所示。

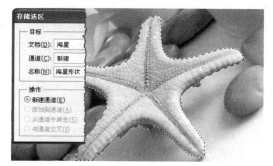

图 4-30　【存储选区】对话框

表 4-2　【存储选区】对话框中的选项及功能

选　项	功　能
文档	设置选区文件保存的位置，默认为当前图像文件
通道	在 Photoshop 中保存选区实际上是在图像中创建 Alpha 通道。如果图像中没有其他通道，将新建一个通道；如果存在其他通道，也可以将选区保存进该通道
名称	当【通道】选项为新建时，该选项被激活，为新建通道创建名称
新建通道	当【通道】选项为新建时，操作为该选项
替换通道	当【通道】选项为已存在的通道时，【新建通道】选项更改为【替换通道】选项，该选项是将选区保存在【通道】列表中选择的通道名称，并且替换该通道中原有的选区
添加到通道	当【通道】选项为已存在的通道时，启用该选项是将选区添加到所选通道的选区中，保存为所选通道的名称
从通道中减去	当【通道】选项为已存在的通道时，启用该选项是将选区从所选通道的选区中减去后，保存为所选通道的名称
与通道交叉	当【通道】选项为已存在的通道时，启用该选项是将选区与所选通道的选区相交部分保存为所选通道的名称

在该对话框中，选择新建通道保存选区后，【通道】面板中将出现对话框中命名的新通道，如图 4-31 所示。

2．载入选区

将选区保存在通道后，可以将选区删除进行其他操作。当想要再次借助该选区进行其他操作时，执行【选择】|【载入选区】命令，打开如图 4-32 所示的对话框，在【通道】选项中选择指定通道名称即可。该对话框中的选项及功能如表 4-3 所示。

图 4-31　选区保存在通道中　　　图 4-32　【载入选区】对话框

表 4-3　【载入选区】对话框中的选项及功能

选　项	功　能
文档	选择已保存过选区的图像文件名称
通道	选择已保存为通道的选区名称
反相	启用该选项，载入选区将反选选区外的图像，相当于载入选区后执行【选择】|【反向】命令
新建选区	在图像窗口中没有其他选区时，只有该选项可以启用，即为图像载入所选选区

选 项	功 能
添加到选区	当图像窗口中存在选区时，启用该选项是将载入的选区添加到图像原有的选区中生成新的选区
从选区中减去	当图像窗口中存在选区时，启用该选项是将载入的选区与图像原有选区相交副本删除生成新的选区
与选区交叉	当图像窗口中存在选区时，启用该选项是将载入的选区与图像原有选区相交副本以外的区域删除生成新的选区

当画布中已经存在一个选区时，在【载入选区】对话框的【操作】选项组中启用【添加到选区】选项，单击【确定】按钮后将得到两个选区，如图 4-33 所示。

提 示

保存过的选区可以在不同文档中互相载入使用，但是文档尺寸和分辨率必须相同且必须是在 Photoshop 中同时打开的文档。

图 4-33　载入选区

4.3　编辑选区

遇到较为复杂的图像时，使用选取工具与命令有时无法一次性创建选区，这时就需要对创建的选区进行编辑，例如添加或者减去选区范围、更改选区的形状以及在现有选区基础上进行其他操作等。

4.3.1　选区变形

在画布创建选区后，执行【选择】|【变换选区】命令，或在选区内右击选择【变换选区】命令，会在选区的四周出现自由变形调整框，该调整框带有 8 个控制节点和一个旋转中心点，在工具选项栏中会出现其对应的选项，如图 4-34 所示，其功能如表 4-4 所示。

图 4-34　执行【变换选区】命令

表 4-4　【变化选区】选项栏功能表

序号	图 标	名 称	功 能
1		参考点位置	此选项图标中的 9 个点分别对应调整框中的 8 个节点和中心点，单击选中相应的点可以确定为变换选区的参考点
2	X: 559.00 px △ Y: 326.00 px	位移选项	输入数值精确定位选区在水平方向的位移

Photoshop CS5 中文版图像处理标准教程

序号	图　标	名　　称	功　　能
3			启用该选项，在 X、Y 文本框中输入的数值为相对于参考点的距离；禁用该选项，在 X、Y 文本框中输入的数值为相对于坐标原点的距离
4			输入数值精确定位选区在垂直方向的位移
5			输入数值用于控制相对于原选区宽度缩放的百分比
6	W: 100.00% 🔗 H: 100.00%	缩放选项	启用该按钮可以使变换后的选区保持原有的宽高比
7			输入数值用于控制相对于原选区高度缩放的百分比
8	△ 0.00 度	旋转选项	输入数值用于控制旋转选区的角度
9			输入数值用于控制相对于原选区水平方向斜切变形的角度
10	H: 0.00 度 V: 0.00 度	斜切选项	输入数值用于控制相对于原选区垂直方向斜切变形的角度
11	🔲	在自由变换与变形模式之间切换	启用该按钮切换到变形模式；禁用该按钮返回到自由变换模式
12	⊘	取消变换	单击该按钮取消对选区的变形操作，也可以按 Esc 键
13	✔	进行变换	单击该按钮确认执行对于选区的变形操作，也可以按 Enter 键

　　执行【变换选区】命令后，除了可以移动选区外，还可以对选区缩小、放大与旋转，如图 4-35 所示。

　　◯ **图 4-35**　对选区移动、缩小与旋转

技　巧

自由变形调整框中的中心点既可以放置在调整框正中，也可以放置在调整框内的任何位置，还可以放置在调整框外围。

　　要想对选区进行其他操作可以在调整框中右击，选择【斜切】、【扭曲】与【透视】命令调整选区，如图 4-36 所示。

　　◯ **图 4-36**　对选区斜切、扭曲、透视

在右键快捷菜单中，还有一个变换命令为变形，与工具选项栏中的【变形】选项 相同，执行该命令后调整框变成网状，这时可以任意调节，如图 4-37 所示。

注 意

通过对选区的变形发现只有选区发生变化，选区中的图像并没有任何变化，那是因为执行了【变换选区】命令，如果执行【自由变换】命令就会对选区中的图像进行变形。

4.3.2 修改选区

在【选择】|【修改】命令中，有一组子命令是专门对选区进行进一步细致调整的。该组命令包括【边界】、【平滑】、【扩展】、【收缩】和【羽化】。

1.【边界】命令

【修改】菜单中的【边界】命令是将区域选区转换为线条选区。当画布中存在选区后，执行【选择】|【修改】|【边界】命令，打开如图 4-38 所示对话框，其中的【宽度】选项是用来设置线条选区宽度的。

执行【边界】命令后，区域选区生成具有一定宽度的线条选区，该选区带有一定的羽化效果，如图 4-39 所示。

图 4-37　对选区变形

图 4-38　将区域选区转换为线条选区

2.【平滑】命令

当遇到带有尖角的选区时，为了使尖角圆滑，可以执行【选择】|【修改】|【平滑】命令。在打开的【平滑选区】对话框中，设置的【取样半径】的数值越大，选区转角处就越平滑，如图 4-40 所示，使用【平滑】命令之后的选区只有拐角处变得平滑。

图 4-39　线条选区效果

图 4-40　平滑选区

3.【扩展】命令

要想在原有选区的基础上向四周扩大，除了使用【变换选区】命令外，还可以执行【选择】|【修改】|【扩展】命令。在打开的对话框中，【扩展量】选项的数值越大，选区就越大，如图 4-41 所示。

4.【收缩】命令

既然有扩大选区的命令，相对的也有缩小选区的命令。执行【选择】|【修改】|【收缩】命令，会在原有选区的基础上，根据【收缩量】选项数值的大小进行缩小，如图 4-42 所示。

图 4-41　扩展选区

图 4-42　收缩选区

5.【羽化】命令

羽化是将选区边缘生成由选区中心向外渐变的半透明效果，以模糊选区的边缘。在正常情况下建立的选区，其羽化值为 0 像素，要想将选区羽化，执行【选择】|【修改】|【羽化】命令（快捷键 Shift+F6），在 0～255 像素之间任意设置，如图 4-43 所示为【羽化】值为 15 像素得到的效果。

图 4-43　羽化选区

提　示

要想直接创建带有羽化效果的选区，可以在选择选取工具后，建立选区前在工具选项栏设置【羽化】数值，这样建立的选区会带有羽化效果。

4.3.3　选区运算

要创建的选区，并不是都可以一次性创建完成的，根据要求有时需要在现有选区的基础上添加其他选区，有时是减去现有部分选区等。这时就需要运用到选取工具选项中的【运算模式】选项，如图 4-44 所示。Photoshop 中绝大多数创建选区的工具选项栏中均有【运算模式】选项，在默认情况下【运算模式】选项为【新选区】▣。

图 4-44 选取工具中的【运算模式】选项

1．添加到选区

当创建一个选区后，在选取工具的选项栏中启用【添加到选区】▣，接着创建选区，如果两个选区重叠，那么会将两个选区合并为一个选区，如图 4-45 所示。因为【添加到选区】选项生成的选区是新建选区与原有选区的合集。

图 4-45 添加到选区

2．从选区中减去

要想从一个现有的选区中删除部分区域，那么在画布中存在一个选区时启用【从选区中减去】▣，就可以在该选区中单击并拖动鼠标绘制另外一个选区，完成后释放鼠标，会发现原有选区中的重叠部分被删除，如图 4-46 所示。

图 4-46 从选区中减去

3．与选区交叉

【与选区交叉】选项▣虽然也是从选区中删除部分选区，但是与【从选区中减去】选项使用的效果不同。启用该选区后，在原有选区中单击并拖动鼠标绘制另外一个选区，完成后释放鼠标，会发现原有选区中的重叠部分被保留，其他部分被删除，如图 4-47 所示。

图 4-47 与选区交叉

4.3.4 调整边缘

【调整边缘】选项可以提高选区边缘的品质，并且允许对照不同的背景查看选区以便轻松编辑。但是前提条件是图像中必须有已经建立的选区，如图 4-48 所示。虽然该选项并不是新添加的功能，但是是经过更新的功能，

图 4-48 建立选区

相对于原来的选项设置，新增加的选项设置能够得到更加精确的选区效果。

建立选区后，选取工具选项栏中的【调整边缘】选项呈可用状态，单击该按钮或执行【图像】|【调整边缘】命令打开对话框，图像会根据其中的默认参数呈现如图 4-49 所示效果。要想使选区有所变化，可以设置其中的各种参数。

1. 视图模式

在该对话框中包括 7 种选区视图，默认情况下以【白底】背景显示。除【白底】背景外，还包括【闪烁虚线】、【叠加】、【黑底】、【黑白】、【背景图层】及【显示图层】。单击不同的选项图标得到的展示效果各不相同，如图 4-50 所示为同一图像选区的不同效果。

◐ **图 4-49**　【调整边缘】对话框

闪烁虚线

叠加

黑底

黑白

背景图层

显示图层

◑ **图 4-50**　不同的选区视图效果

注　意

无论使用哪个选区视图，只能预览设置参数后在某个情况下展示的效果，最终得到的效果只是选区的变化。在该选项组左侧还准备了两个辅助工具——【缩放工具】🔍 与【抓手工具】✋，以方便视图查看。

2. 边缘检测

【视图模式】选项组中的【显示半径】与【显示原稿】选项，是与【边缘检测】选项组相结合应用的。当启用【显示半径】选项后，启用【边缘检测】选项组中的【智能半径】选项并设置【半径】参数值，即可查看边缘区域，如图 4-51 所示。

3. 调整边缘

【调整边缘】选项组中的选项，有些是原【调整边缘】对话框中的选项，其中【移动边缘】选项是新增的选项。

【平滑】参数减少选区边界中的不规则区域，创建更加平滑的轮廓。可以输入一个值或将滑块在 0～100 之间移动来改变其值。图 4-52 出示了该参数为 85 的预览效果。

图 4-51　显示边缘

图 4-52　平滑数值为 85 的预览效果

> **提　示**
>
> 设置【平滑】参数时，在【说明】选项中除了说明该参数的功能外，还提示可以使用【半径】参数恢复一些细节。

【对比度】参数用于锐化选区边缘并去除模糊的不自然感。增加对比度可以移去由于【半径】设置过高而导致在选区边缘附近产生的过多杂色。

【羽化】参数可以在选区及其周围像素之间创建柔化边缘过渡，输入一个值或移动滑块以定义羽化边缘的宽度（0～250 像素）。该参数与【选择】|【修改】中的【羽化】命令效果相同，只是该参数可以在设置参数的同时查看效果，如图 4-53 所示。

【移动选区】选项是用来收缩或扩展选区边界的，默认参数为 0，参数范围为–100～

图 4-53　羽化数值为 30 的效果

100。其中，扩展选区对柔化边缘选区进行微调很有用；收缩选区有助于从选区边缘移去不需要的背景色，如图 4-54 所示。

> **提　示**
>
> 设置参数后想要返回默认参数时，可以按住 Alt 键，当对话框中的【取消】按钮变成【复位】按钮后，单击该按钮即可复原参数设置。

在该选项组左侧还准备了【调整半径工具】　与【抹除调整工具】　，前者是用来删除选区边缘的背景图像；后者是用来恢复删除后的背景图像。为了更好地展示这两个功能，这里采用了具有长发的人物图像。

使用方法非常简单，只要在画布中建立选区后，打开【调整边缘】对话框。设置【视图模式】为"黑底"，查看建立选区后的效果，如图 4-55 所示。

图 4-54　移动选区效果

图 4-55　选区黑底效果

这时单击【调整半径工具】　，在图像的边缘区域涂抹即可删除该区域的背景图像，如图 4-56 所示图像。

图 4-56　删除边缘背景图像

使用相同的方法，涂抹其他边缘区域或者重复涂抹，能够将背景图像删除的更加彻底，如图 4-57 所示。

【调整半径工具】　的应用是建立在选区边缘基础上的，所以在没有选区边缘的区域应用该工具就无法删除背景图像，如图 4-58 所示。

图 4-57　涂抹后效果

图 4-58　无法删除的区域

对于过度删除背景图像的区域，可以选择【抹除调整工具】 ✎ 在该区域内进行涂抹，从而恢复删除前的图像效果，如图4-59所示。

4．输出

【输出】选项组中的【净化颜色】选项是为了删除选区边缘的背景颜色。方法是启用【净化颜色】选项，设置【数量】参数值即可查看效果，如图4-60所示。

而【输出到】选项则是用来设置选区设置后的图像效果的，这里列出了6个选项。其中当启用【净化颜色】选项后，【选区】和【图层蒙版】选项将无法使用。当选择【输出到】选项为【新建带有图层蒙版的图层】选项后，单击【确定】按钮即可得到新建图层，并且该图层带有图层蒙版，如图4-61所示。

图 4-59　恢复删除前效果

图 4-60　启用【净化颜色】选项

4.4　修饰选区

在 Photoshop 中，创建选区除了可以对图像进行编辑外，还可以修饰选区，比如对选区进行填充以及描边等操作，从而使图像得到奇特的效果。

4.4.1　选区填充

创建选区后右击，选择快捷菜单中的【填充】命令，或者执行【编辑】|【填充】命令（快捷键 Shift+F5），打开如图 4-62所示对话框。在该对话框中可以填充单色与图案，以及根据填充的对象设置不同的参数得到不同的填充效果。

图 4-61　创建新图层

1．填充选区

在默认情况下，选择【填充】对话框的【使用】下拉列表中的【前景色】或者【背景色】选项，单击【确定】按钮可以在选区中填充工具箱中的【前景色】或者【背景色】，如图 4-63 所示。

图 4-62 【填充】对话框　　　　　　图 4-63 填充前景色

提 示

如果是通过选择【使用】下拉列表中的【颜色】选项，那么可以在【选取一种颜色】对话框中选择任意颜色填充选区。

在【使用】下拉列表中的【图案】选项后，【自定图案】列表框被激活，在下拉列表框中选择 Photoshop 自带的图案，可以在选区中填充该图案，如图 4-64 所示。

2. 不透明度

建立选区是为了保护选区以外的图像，当在选区中填充颜色或者图案后，会将选区内原有的图像覆盖，为了显示原有的图像，在【填充】对话框中提供了【不透明度】选项，设置不同数值的不透明度，会得到不同程度的显示效果，如图 4-65 所示。

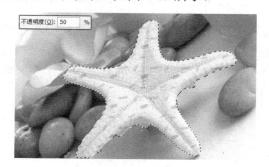

图 4-64 填充图案　　　　　　图 4-65 设置图案填充不透明度

3. 模式

设置选区填充的【不透明度】选项的效果较为单一，在【填充】对话框中有一个选项可以在一个颜色或者图案基础上得到不同的显示效果，那就是【模式】选项，如图 4-66 所示为同一图案设置不同的【模式】选项后得到的不同效果。【模式】选项与图层【混合模式】类似，我们会在以后的章节详细介绍。

4. 保留透明区

【保留透明区域】选项是针对普通图层而言的，在背景图层中该选项不可用。当创建后的选区中存在透明像素时，启用或者禁用【填充】对话框中的【保留透明区域】选项，会得到不同的效果，如图 4-67 所示。

图 4-66 设置图案填充模式

图 4-67 禁用与启用【保留透明区域】选项

如果是在具有透明像素的选区中填充颜色或者图案，分别在禁用与启用【保留透明区域】选项的情况下，设置相同的【模式】选项，也会得到不同的效果，如图 4-68 所示，发现禁用【保留透明区域】选项时，在透明区域填充的图案是以原图像显示的。

图 4-68 禁用与启用【保留透明区域】选项后同一模式效果

技　巧

按 Ctrl＋BackSpace 快捷键，可以直接用背景色填充选区；按 Alt＋BackSpace 快捷键，可以直接用前景色填充选区；按 Shift＋BackSpace 快捷键可以打开【填充】对话框；按 Alt＋Shift＋BackSpace 快捷键以及 Ctrl＋Shift＋BackSpace 快捷键，在填充前景色及背景色时只填充已存在的像素（保留选区中透明区域）。

4.4.2　内容感知型填充

在 Photoshop CS5 的【填充】对话框中，【使用】列表中新增了【内容识别】子选项。该选项是使用附近的相似图像内容不留痕迹地填充选区。为了获得最佳结果，创建的选区需要略微扩展到要复制的区域之中。

默认情况下，【使用】列表中的【内容识别】选项不可用，必须在画布中创建选区，才能够选择该选项，如图 4-69 所示。

当在画布中创建选区后，执行【编辑】|【填充】命令，选择【使用】为【内容识别】选项，单击【确定】按钮即可按照选区外围的图像纹理进行填充，如图 4-70 所示。

图 4-69　建立选区　　　　　　　　　图 4-70　内容识别填充

在默认情况下，选择【内容识别】选项能够将选区内的图像修饰为选区外围的图像纹理。在【填充】对话框中，还能够同时设置【混合模式】与【不透明度】选项，添加不同选项的设置得到的填充效果也会有所不同，如图 4-71 所示。

图 4-71　内容识别的混合与不透明度效果

4.4.3　选区描边

除了可以在选区内填充颜色与图案外，还可以为选区的蚂蚁线涂上颜色，生成边框图像的边缘效果。当画布中存在选区时，执行【编辑】|【描边】命令，或右击选区选择【描边】命令，打开如图 4-72 所示的对话框。除了与【填充】对话框相同的【模式】、【不透明度】与【保留透明区域】选项外，还可以设置【宽度】、【颜色】与【位置】选项。

1．默认描边

在默认情况下，描边颜色为工具箱中的前景色，【宽度】为 1 像素，【位置】为居中，得到的是 1 像素线条，如图 4-73 所示。

图 4-72 【描边】对话框

图 4-73 1 像素描边

2．描边位置

在为选区进行描边时，线条的位置极为重要，因为线条的位置不同得到的效果也不同，如图 4-74 所示分别为 16 像素在蚂蚁线内部、居中与居外位置的效果。

图 4-74 不同位置的描边效果

3．保留透明选区

当选区内部为图像区域，选区外部为透明区域时，那么启用【保留透明区域】选项，对在内部描边没有影响，而外部描边则会完全没有效果，居中描边则是前两者的综合效果。如图 4-75 所示为【居中】描边设置相同的模式，分别在禁用与启用【保留透明区域】选项得到的效果对比。

图 4-75 禁用与启用【保留透明区域】选项后同一模式下的效果

4.5 课堂练习：生活照片

本例将要制作一张生活照片，如图 4-76 所示。在该例中，主要使用了【魔棒工具】 与 调整边缘... ，需了解【滤镜】的一些功能。在抠取图像中的某一局部时，首先要观察该局部与背景之间的差异，根据颜色的差别选出准确的主体。

图 4-76　最终效果

操作步骤：

1 打开如图 4-77 所示的小狗图片，画面中小狗的背景颜色是较为统一的黑色调，而小狗的颜色与背景反差较大，适合使用【魔棒工具】 来选取。

图 4-77　打开图片

2 选择工具箱中的【魔棒工具】 单击背景，启用【添加到选区】 ，继续创建选区，单击没有被选中的区域，直到背景完全被选中，如图 4-78 所示。

图 4-78　选定背景

3 按 Ctrl+Shift+I 快捷键进行反向，选定主体，单击 调整边缘... 按钮，弹出对话框，设置参数，如图 4-79 所示。

图 4-79　设置【调整边缘】的参数

4 设置完成后新建透明文档，与原图大小一致，在原图中按 Ctrl+C 快捷键将选区复制，在新文档中按 Ctrl+V 快捷键粘贴，如图 4-80 所示。

图 4-80　把主体放入新文档

5 打开新的图片将主体文档拖入,执行【编辑】|【变换】|【水平翻转】命令,按 Ctrl+T 快捷键对主体图形进行自由变换,调整大小,如图 4-81 所示。

6 最后对背景进行模糊处理,执行【滤镜】|【模糊】|【镜头模糊】命令,设置参数,突出主体,产生类似小景深的生活照效果,如图 4-82 所示。

图 4-81　调整大小

图 4-82　设置参数

4.6　课堂练习:突出翱翔的热气球

本例制作的是天空中翱翔的热气球图片,如图 4-83 所示。在制作过程中使用了【矩形选框工具】与【内容识别】面板,运用新增功能将画面中多余的热气球删除并填充为天空背景,从而突出某个热气球在空中翱翔的效果。

图 4-83　最终效果

操作步骤:

1 按 Ctrl+O 快捷键打开配套光盘中的素材图片,如图 4-84 所示,右下角的热气球为要修饰的对象。

2 选择【矩形选框工具】,在画布右下角区域建立矩型选区,将图片中的热气球框选,如图 4-85 所示。

图 4-84　打开素材图片

图 4-85　使用【矩形选框工具】

3 完成选区建立后，执行【编辑】|【填充】命令。选择【使用】为【内容识别】。然后单击【确定】按钮，如图 4-86 所示。

图 4-86　设置参数

4 按 Ctrl+D 快捷键取消选区，使用【矩形选框工具】 ，继续创建选区。执行【编辑】|【填充】命令，选择【使用】为【内容识别】，然后单击【确定】按钮，完成最终效果，如图 4-87 所示。

图 4-87　创建选区

4.7 思考与练习

一、填空题

1．无论使用哪种选取工具创建选区，所选区域都将以_____表示。

2．结合_____键可以创建一个正方形或者正圆选区。

3．套索工具组包含了三种类型的工具，分别为_____、【多边形套索工具】和_____。

4．_____利用可调整的圆形画笔笔尖快速建立选区。

5．通过颜色建立选区的命令是_____。

二、选择题

1．【取消选择】选取范围命令对应的快捷键是_____。

A．Shift+D

B．Ctrl+D

C．Ctrl+H

D．Ctrl+Alt+D

2．要增加选取范围，应该在工具选项栏中启用哪个功能按钮？

A．

B．

C．

D．

3．选择整个画布的快捷键是_____。

A．Ctrl+A

B．Ctrl+B

C．Ctrl+D

D．Shift+A

4．对颜色区域进行选择使用的工具是_____。

A．【套索工具】

B．【椭圆形选框工具】

C．【魔棒工具】

D．【多边形套索工具】

5．对选区进行变形的快捷键是_____。

A．Ctrl+T

B．Ctrl+F

C．Shift+T

D．没有快捷键

三、问答题

1．【羽化】命令与工具选项栏中的【羽化】选项有何区别？

2．对选区执行【存储选区】命令后，选区保存在什么位置？

3．移动选区分别有哪些情况？

4．【调整边缘】命令是在什么基础上才能够进行应用？

5.【填充】对话框中，哪个选项是 Photoshop CS5 的新增功能？

四、上机练习

1．对局部图像进行变形

对于同一个图层的图像来说，要想变形局部图像，那么首先要选择该局部图像，然后按 Ctrl+T 快捷键显示变换框后，单击工具选项栏中的【变形】按钮，即可对选区内的图像进行变形，如图 4-88 所示。

2．快速提取图像

在 Photoshop CS5 中，对于背景较为简单的复杂图像，选取工具与【调整边缘】命令相结合可快速提取图像。方法是使用【磁性套索工具】在老鹰边缘建立大概轮廓选区后，单击工具选项栏中的【调整边缘】按钮，在弹出的【调整边缘】对话框中，使用【调整半径工具】在选区边缘进行涂抹，删除老鹰羽毛中的背景图像，得到老鹰的完整提取，如图 4-89 所示。

图 4-88　局部变形

图 4-89　提取图像

第 5 章

图层高级应用

Photoshop 中的图层不仅包括组合、排列等基本功能，还包含用于制作特效的图层样式与用于融合不同图像的混合模式功能。前者是为图像、文字或是图形添加如诸阴影、发光或是浮雕等效果；后者则是在两个图层上的图像，通过各自的红、绿、蓝通道进行"混合"。

在该章节中，主要讲解图层混合模式与图层样式的设置与添加方法，前者不仅可以应用到图层中，还可以应用到填充、画笔与通道中；后者则能够为图像添加不同的特效效果。

本章学习要点：

➢ 混合模式原理
➢ 各种混合模式组
➢ 各种图层样式
➢ 应用图层样式

在 Photoshop 中的各个角落，都可以看到【混合模式】选项的身影。混合模式其实是像素之间混合使像素值发生改变，从而呈现不同颜色外观的模式。

基色是做混合之前位于原处的色彩或图像；混合色是被溶解于基色或是图像之上的色彩或图像；结果色是混合后得到的颜色。

图 5-1 基色、混合色与结果色

比如，画家在画布上面绘画，那么画布的颜色就是基色；画家使用画笔在颜料盒中选取一种颜色在画布上涂抹，这个被选取的颜色就是混合色；被选取颜色涂抹的区域所产生的颜色为结果色，如图 5-1 所示。

当画家再次选择一种颜色涂抹时，画布上现有的颜色也就成为基色；而在颜料盒中选取的颜色为混合色；再次在画布上涂抹，它们一起生成了新的颜色，这个颜色为结果色，如图 5-2 所示。

图 5-2 新基色、新混合色与新结果色

【混合模式】在图像处理中主要用于调整颜色和混合图像。使用【混合模式】进行颜色调整时，会利用源图层副本与源图层进行混合，从而达到调整图像颜色的目的。在编辑过程中会出现三种不同类型的图层，即同源图层、异源图层和灰色图层。

❑ **同源图层** "背景副本"图层是由"背景"图层复制而来，两个图层完全相同，那么"背景副本"图层称为"背景"图层的同源图层。

❑ **异源图层** "图层 1"是从外面拖入的一个图层，并不是通过复制"背景"图层而得到的。那么"图层 1"称为"背景"图层的异源图层。

❑ **灰色图层** "图层 2"是通过添加滤镜得到的，这种整个图层只有一种颜色值的图层通常称为灰色图层。最典型的灰色图层是 50% 中性灰图层。灰色图层既可以由同源图层生成，也可以由异源图层得到，因此它既可以用于图像的色彩调整，也可以进行特殊的图像拼合。

5.1.1 组合模式组

组合模式主要包括【正常】和【溶解】选项，【正常】模式和【溶解】模式的效果都不依赖于其他图层；【溶解】模式出现的噪点效果是它本身形成的与其他图层无关。

1. 【正常】模式

【正常】混合模式的实质是用混合色的像素完全替换基色的像素，使其直接成为结果色。在实际应用中，通常是用一个图层的一部分去遮盖其下面的图层。【正常】模式也是每个图层的默认模式，如图 5-3 所示。

基色

混合色

结果色

图 5-3 正常模式

提 示

只要是新建的图层，它的图层混合模式就是【正常】模式。图层混合模式还可以保存，例如设置当前图层为某个混合模式选项后，保存并关闭文档，再次打开该文档时，就可以看到该图层所设置的混合模式选项。

2. 【溶解】模式

【溶解】混合模式的作用原理是同底层的原始颜色交替以创建一种类似扩散抖动的效果，这种效果是随机生成的。混合的效果与图层【不透明度】选项有很大关系，通常在【溶解】模式中采用颜色或图像样本的【不透明度】参数值越低，颜色或图像样本同原始图像像素抖动的频率就越高，如图 5-4 所示。

图 5-4 溶解模式

5.1.2 加深模式组

加深模式组的效果是使图像变暗，两张图像叠加选择图像中最黑的颜色在结果色中显示。在该模式组中，主要包括【变暗】模式、【正片叠底】模式、【颜色加深】模式、【线性加深】模式和【深色】模式。

1. 【变暗】模式

【变暗】混合模式通过比较上下层像素后，取相对较暗的像素作为输出。不同颜色通道的像素都会独立地进行比较,色彩值相对较小的作为输出结果,下层表示叠放次序位于下面的那个图层,上层表示叠放次序位于上面的那个图层,如图 5-5 所示。

2.【正片叠底】模式

【正片叠底】混合模式的原理是查看每个通道中的颜色信息并将基色与混合色复合,结果色总是较暗的颜色。任何颜色与白色混合保持不变,当用黑色或白色以外的颜色绘画时,绘画工具绘制的连续描边产生逐渐变暗的颜色,如图 5-6 所示。

图 5-5　变暗模式

图 5-6　正片叠底模式

提　示

【正片叠底】模式与【变暗】模式不同的是,前者通常在加深图像时颜色过渡效果比较柔和,这有利于保留原有的轮廓和阴影。

3.【颜色加深】模式

通过查看每个通道中的颜色信息,并通过增加对比度使基色变暗以反映混合色,为【颜色加深】混合模式。与白色混合后不产生变化,【颜色加深】模式对当前图层中的颜色减少亮度值,这样就可以产生更明显的颜色变换,如图 5-7 所示。

4.【线性加深】模式

图 5-7　颜色加深模式

【线性加深】混合模式能够查看颜色通道信息,并通过减小亮度使基色变暗以反映混合色,与白色混合时不产生变化,如图 5-8 所示。

此模式对当前图层中的颜色减少亮度值,这样就可以产生更明显的颜色变换。它与【颜色加深】模式不同的是,【颜色加深】模式产生鲜艳的效果,而【线性加深】模式产生更平缓的效果。

5.【深色】模式

【深色】混合模式的原理是查看红、绿、蓝通道中的颜色信息,比较混合色和基色的所有通道值的总和,并显示色值较小的颜色。【深色】模式不会生成第三种颜色,因为它将从基色和混合色中选择最小的通道值来创建结果颜色，如图 5-9 所示。

图 5-8　线性加深模式

图 5-9　深色模式

5.1.3　减淡模式组

减淡模式与加深模式是相对应的。使用减淡模式时，黑色完全消失，任何比黑色亮的区域都可能加亮下面的图像。该类型的模式主要包括【变亮】模式、【滤色】模式、【颜色减淡】模式、【线性减淡】模式和【浅色】模式。

1.【变亮】模式

【变亮】混合模式是通过查看每个通道中的颜色信息，并选择基色或混合色中较亮的颜色作为结果色。比混合色暗的像素被替换，比混合色亮的像素保持不变，如图 5-10 所示。

图 5-10　变亮模式

注　意

【变亮】模式对应于【变暗】模式。在【变暗】模式下，较亮的颜色区域在最终的结果色中占主要地位。

2.【滤色】模式

【滤色】混合模式的原理是查看每个通道的颜色信息，并将混合色与基色复合，结果色总是较亮的颜色。用黑色过滤时颜色保持不变；用白色过滤将产生白色。就像是两台投影机打在同一个屏幕上，这样两个图像在屏幕上重叠起来结果得到一个更亮的图像，如图 5-11 所示。

图 5-11　滤色模式

3.【颜色减淡】模式

【颜色减淡】混合模式是通过查看每个通道中的颜色信息，并通过增加对比度使基色变亮以反映混合色，与黑色混合则不发生变化，如图 5-12 所示。

4.【线性减淡】模式

【线性减淡】混合模式的工作原理是查看每个通道的颜色信息并通过增加亮度使基色变亮以反映混合色，与黑色混合不发生变化，如图 5-13 所示。

图 5-12　颜色减淡模式

技 巧

【线性减淡】和【颜色减淡】模式都可以提高图层颜色的亮度，【颜色减淡】产生更鲜明、更粗糙的效果；而【线性减淡】产生更平缓的过渡。因为它们使图像中的大部分区域变白，所以减淡模式非常适合模仿聚光灯或其他非常亮的效果。

5.【浅色】模式

【浅色】混合模式是分别检测红、绿、蓝通道中的颜色信息，比较混合色和基色的所有通道值的总和并显示值较大的颜色，如图 5-14 所示。【浅色】不会生成第三种颜色，因为它将从基色和混合色中选择最大的通道值来创建结果颜色。

图 5-13　线性减淡模式

图 5-14　浅色模式

5.1.4　对比模式组

对比模式组综合了加深和减淡模式的特点，在进行混合时 50% 的灰色会完全消失，任何高于 50% 灰色的区域都可能加亮下面的图像；而低于 50% 灰色的区域都可能使底层图像变暗，从而增加图像的对比度。

该类型模式主要包括【叠加】模式、【柔光】模式、【强光】模式、【亮光】模式、【线性光】模式、【点光】模式和【实色混合】模式。

1.【叠加】模式

【叠加】混合模式是对颜色进行正片叠底或过滤，具体取决于基色。图案或颜色在现有像素上叠加，同时保留基色的明暗对比。不替换基色，但基色与混合色互相混合以反映颜色的亮度或暗度，如图 5-15 所示。

2.【柔光】模式

【柔光】混合模式会产生一种柔光照射的效果，此效果与发散的聚光灯照在图像上相似。如果混合色颜色比基色颜色的像素更亮一些，那么结果色颜色将更亮；如果混合色颜色比基色颜色的像素更暗一些，那么结果色颜色将更暗，使图像的亮度反差增大，如图 5-16 所示。

图 5-15　叠加模式

提　示

【柔光】模式是由混合色控制基色的混合方式，这一点与【强光】模式相同，但是混合后的图像却更加接近【叠加】模式的效果。因此，从某种意义上来说，【柔光】模式似乎是一个综合了【叠加】和【强光】两种模式特点的混合模式。

3.【强光】模式

【强光】混合模式的作用原理是复合或过滤颜色具体取决于混合色。此效果与耀眼的聚光灯照在图像上相似，如图 5-17 所示。

图 5-16　柔光模式

4.【亮光】模式

【亮光】混合模式是通过增加或减小对比度来加深或减淡颜色，具体取决于混合色。如果混合色（光源）比 50% 灰色亮，则通过减小对比度使图像变亮；如果混合色比 50% 灰色暗，则通过增加对比度使图像变暗，如图 5-18 所示。

图 5-17　强光模式

图 5-18　亮光模式

提　示

【亮光】模式是叠加模式组中对颜色饱和度影响最大的一个混合模式。混合色图层上的像素色阶越接近高光和暗调，反映在混合后的图像上的对应区域反差就越大。利用【亮光】模式的特点，用户可以给图像的特定区域增加非常艳丽的颜色。

5. 【线性光】模式

【线性光】混合模式是通过减小或增加亮度来加深或减淡颜色，具体取决于混合色。如果混合色（光源）比 50%灰色亮，则通过增加亮度使图像变亮；如果混合色比 50%灰色暗，则通过减小亮度使图像变暗，如图 5-19 所示。

6. 【点光】模式

【点光】混合模式的原理是根据混合色替换颜色，具体取决于混合色。如果混合色（光源）比 50%灰色亮，则替换比混合色暗的像素，而不改变比混合色亮的像素；如果混合色比 50%灰色暗，则替换比混合色亮的像素，而比混合色暗的像素保持不变，如图 5-20 所示。

图 5-19　线性光模式

图 5-20　点光模式

7. 【实色混合】模式

【实色混合】混合模式是将混合颜色的红色、绿色和蓝色通道值添加到基色的 RGB 值。如果通道的结果总和大于或等于 255，则值为 255；如果小于 255，则值为 0。因此，所有混合像素的红色、绿色和蓝色通道值要么是 0，要么是 255。这会将所有像素更改为原色：红色、绿色、蓝色、青色、黄色、洋红、白色或黑色，如图 5-21 所示。

图 5-21　实色混合模式

技　巧

【实色混合】模式的实质是将图像的颜色通道由灰色图像转换为黑白位图。

5.1.5　比较模式组

比较模式组主要是【差值】模式和【排除】模式。这两种模式彼此很相似，它们将上层和下面的图像进行对较，寻找二者中完全相同的区域，使相同的区域显示为黑色，而所有不相同的区域则显示为灰度层次或彩色。

在最终结果中，越接近于黑色的不相同区域，它就与下面的图像越相似。在这些模式中，上层的白色会使下面图像上显示的内容反相，而上层中的黑色则不会改变下面的图像。

1.【差值】模式

【差值】混合模式是查看每个通道中的颜色信息，并从基色中减去混合色或从混合色中减去基色，具体取决于哪一个颜色的亮度值更大。与白色混合将反转基色值；与黑色混合则不产生变化，如图 5-22 所示。

图 5-22　差值模式

2.【排除】模式

【排除】混合模式主要用于创建一种与【差值】模式相似，但对比度更低的效果。与白色混合将反转基色值；与黑色混合则不发生变化。

这种模式通常使用的频率不是很高，不过通过该模式能够得到梦幻般的怀旧效果。这种模式产生一种比【差值】模式更柔和、更明亮的效果，如图 5-23 所示。

图 5-23　排除模式

3.【减去】与【划分】模式

【减去】模式与【划分】模式是 Photoshop CS5 在混合模式中的新增选项。其中，【减去】模式是查看每个通道中的颜色信息，并从基色中减去混合色，如图 5-24 所示。在 8 位和 16 位图像中，任何生成的负片值都会剪切为零。

【划分】模式是查看每个通道中的颜色信息，并从基色中分割混合色，如图 5-25 所示。

图 5-24　减去模式

图 5-25　划分模式

5.1.6　色彩模式组

色彩模式组主要包括【色相】模式、【饱和度】模式、【颜色】模式和【明度】模式。

这些模式在混合时，与色相、饱和度和亮度有密切关系，将上面图层中的一种或两种特性应用到下面的图像中，产生最终效果。

1.【色相】模式

【色相】混合模式原理是用基色的明亮度和饱和度以及混合色的色相创建结果色，如图5-26所示。

图 5-26　色相模式

2.【饱和度】模式

【饱和度】混合模式是用基色的明亮度和色相以及混合色的饱和度创建结果色，如图5-27所示。绘画在无饱和度（灰色）的区域上，使用此模式绘画不会发生任何变化。饱和度决定图像显示出多少色彩。如果没有饱和度，就不会存在任何颜色，只会留下灰色；饱和度越高，区域内的颜色就越鲜艳。当所有对象都饱和时，最终得到的几乎就是荧光色了。

图 5-27　饱和度模式

3.【颜色】模式

【颜色】混合模式是用基色的明亮度以及混合色的色相和饱和度创建结果色，如图5-28所示。

【颜色】模式能够使灰色图像的阴影或轮廓透过着色的颜色显示出来，产生某种色彩化的效果。这样可以保留图像中的灰阶，并且对给单色图像上色和给彩色图像着色都非常有用。使用【颜色】模式为单色图像着色，能够使其呈现怀旧感，如图5-29所示。

图 5-28　颜色模式

图 5-29　单色效果

4.【明度】模式

【明度】混合模式是用基色的色相和饱和度以及混合色的明亮度创建结果色。此模式创建与【颜色】模式相反的效果。这种模式可将图像的亮度信息应用到下面图像中的颜色上。它不能改变颜色，也不能改变颜色的饱和度，只能改变下面图像的亮度，如图 5-30所示。

图 5-30　明度模式

5.2　图层样式选项

Photoshop 提供了 10 种可供选择的样式，通过这些样式可以为图像添加一种或多种效果。图层样式类似于模板，可以重复使用，也可以像操作图层一样对其进行调整、复制、删除等操作。

因此，掌握图层样式的应用技巧将会给用户的设计创作带来很大的方便和灵活性，也可以大大提高设计创作的工作效率。

5.2.1　混合选项

混合选项也是图层样式的组成部分，通过调整它里面的选项可以将独立不同图层混合制造出特定效果。双击图层，打开【图层样式】后，显示的是【混合选项】的参数设置区域。其中，【常规混合】选项组包括了【混合模式】和【不透明度】两项，这两项是调节图层最常用到的，也是最基本的图层选项，与【图层】面板中的选项相同。

选择除背景图层以外的任意图层，执行【图层】|【图层样式】|【混合选项】命令，打开【图层样式】对话框，如图 5-31 所示。

图 5-31　【图层样式】对话框

1. 填充不透明度

在【高级混合】选项组中，【填充不透明度】选项只影响图层中绘制的像素或形状，对图层样式和混合模式不起作用。使用【填充不透明度】可以在隐藏图像的同时依然显示图层效果，这样可以创建出隐形投影或透明浮雕效果，如图 5-32 所示。

2. 通道

【通道】选项用于在混合图层或图层组时，将混合效果限制在指定的通道内，未被选择的通道被排除在混合之外。比如白色的鸽子图层与黑色背景图层的混合效果，每禁用一个通道都会生成其颜色的相反色调，如图 5-33 所示。

填充不透明度 100%　　　填充不透明度 50%　　　填充不透明度 10%　　　填充不透明度 0%

图 5-32　【填充不透明度】设置

启用所有通道　　　　禁用红色通道　　　　禁用绿色通道　　　　禁用蓝色通道

图 5-33　通道选项设置

3．挖空

【挖空】选项决定了目标图层及其图层效果是如何穿透图层或图层组，以显示其下面图层的。在【挖空】下拉列表中包括"无"、"浅"和"深"三种方式，分别用来设置当前层挖空并显示下面层内容的方式。

下面通过一个实例，来演示各个方式的功能及可以表现的效果。在【图层】面板中将"图层 1"的不透明度设为 100%，填充不透明度为 0%，并且绘制紫红色的蝴蝶图形。然后在"图层 1"下面新建"图层 2"，并填充任意图案。接着将"图层 1"和"图层 2"进行编组为"组 1"。最后在背景层上新建"图层 3"，并填充绿色，如图 5-34所示。

图 5-34　建立图层

接下来，打开"图层 1"的混合选项，通过设置不同的挖空方式，以观察其效果，如图 5-35 所示。其中，如果没有背景层，那么挖空则一直到透明区域。另外，如果希望创建挖空效果的话，需要降低图层的填充不透明度或是改变混合模式，否则图层挖空效果不可见。

【挖空】为"无" 　　　　　【挖空】为"浅" 　　　　　【挖空】为"深"

图 5-35 挖空选项设置

4．混合颜色带

Photoshop 中混合颜色带的作用与通道的作用相同，它们都是通过选取图像的像素来达到控制图像显示或隐藏的目的。所不同的是，使用混合颜色带，用户拖动哪个滑条的滑块，实际上就是对滑条所代表图层的某个通道做某些修改，然后以这个被改变的通道为蒙版，控制图层的不透明度，以此进行图层混合。如果说，图层混合模式是从纵向上控制图层与下面图层的混合方式，那么混合颜色带就是从横向上控制图层相互影响的方式。

在【混合颜色带】选项中，有上下两个滑条。通过这两个滑条不但可以控制本图层的像素显示，还可以控制下一图层的显示。例如，将两幅图像放置在一个文档中，如图5-36 所示。

图 5-36 图像图层

双击"图层 1"，打开【图层样式】对话框。在【混合颜色带】的下拉菜单中，选择【灰色】通道。向左拖动白色滑块，将隐藏该图层中的高光图像；向右拖动黑色滑块，将隐藏该图层中的阴影图像，如图 5-37 所示。

图 5-37 设置【本图层】选项

采用同样的方法，拖动下一图层的滑块，可以按照下方图层中的明暗关系隐藏当前图层，从而将下面图层中的像素显示出来，如图5-38所示。

图 5-38 设置【下一图层】选项

有些时候，为了保证在混合区域和非混合区域之间产生平滑的过渡，可以采用部分混合的方法。要定义部分混合像素的范围，可以按住 Alt 键并拖移三角形滑块的一半，这样混合的效果就不会过于生硬，如图5-39所示。

5.2.2　阴影与光样式

利用投影和内阴影样式，可以制作出物体逼真的阴影效果，并且还可以对阴影的颜色、大小及清晰度进行精确的控制，从而使物体富有空间感。而【外发光】和【内发光】是两个模仿发光效果的图层样式，它可在图像外侧或内侧添加单色或渐变发光效果。

图 5-39 设置柔滑效果

1. 投影效果

为图像添加投影样式，能使图像具有层次感。在【图层样式】对话框中，启用【投影】选项，可以在图层内容的后面添加阴影。该选项中的各个参数的作用如下。

图 5-40 不同角度设置

❏ **混合模式**　用来确定图层样式与下一图层的混合方式，可以包括也可以不包括现有图层。

❏ **角度**　用于确定效果应用于图层时所采用的光照角度，如图5-40所示。

❏ **距离**　用来指定偏移的距离，如图5-41所示。

- ❑ **扩展**　用来扩大杂边边界，可以得到较硬的效果，如图 5-42 所示。
- ❑ **大小**　指定模糊的数量或暗调大小，如图 5-43 所示。
- ❑ **消除锯齿**　用于混合等高线或光泽等高线的边缘像素。对尺寸小且具有复杂等高线的阴影最有用。

图 5-41　设置距离选项

- ❑ **杂色**　由于投影效果都是由一些平滑的渐变构成的，在有些场合可能产生莫尔条纹，添加杂色就可以消除这种现象。它的作用和"杂色"滤镜时相同，如图 5-44 所示。
- ❑ **图层挖空投影**　这是和图层填充选项有关系的一个选项。当将填充不透明度设为 0% 时，启用该选项，图层内容下的区域是透明的；禁用该选项，图层内容下的区域是被填充的。
- ❑ **全局光**　启用该选项可以在图像上呈现一致的光源照明外观。

图 5-42　设置扩展选项

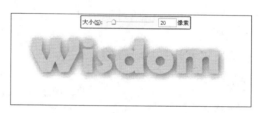

图 5-43　设置大小选项

2. 内阴影效果

内阴影效果用于紧靠图层内容的边缘内添加阴影，使图层具有凹陷外观。该样式的参数与设置方法同投影样式相同。

在设置内阴影样式时，比如增加【杂色】选项的参数，可创建出模仿点绘效果的图像，如图 5-45 所示。

图 5-44　设置杂色选项

图 5-45　内阴影效果

3. 外发光效果

外发光就是让物体边缘出现光晕效果，从而使该物体更加鲜亮，更加吸引浏览者的目光。启用【图层样式】对话框中的【外发光】选项，右侧显示相应的参数，如图 5-46 所示。

在设置外发光时，背景的颜色尽量选择深色图像，以便于显示出设置的发光效果。其中，通过设置发光的方式可以为图像添加单色或是渐变发光效果，如图 5-47 所示。

单击【等高线】下拉列表，从弹出的列表中可选择不同的选项，以获得效果更为丰富的发光样式，如图 5-48 所示。

技 巧

等高线决定了物体特有的材质，物体哪里应该凹陷，哪里应该凸可以由等高线来控制，而利用图层样式的好处就在于可以随意控制等高线，以控制图像侧面的光线变化。

图 5-46 【外发光】样式选项

4．内发光效果

内发光效果的选项设置与外发光基本相同，内发光样式多了针对发光源的选择。比如，一种是由图像内部向边缘发光；一种是由图像边缘向图像内部发光，如图 5-49 所示。内发光效果的强弱也可以通过调节【不透明度】选项来实现。因为【不透明度】默认参数值为 75%，所以其效果并不是最强的。

图 5-47 渐变外发光

图 5-48 设置【等高线】选项

图 5-49 内发光位置设置

5.2.3 斜面和浮雕

使用【斜面和浮雕】样式可以为图像和文字制作出真实的立体效果。通过更改众多选项，可以控制浮雕样式的强弱、大小、明暗变化等效果，以设置出不同效果的浮雕样式。

1．样式

【样式】是【斜面和浮雕】样式的第一个选项，其中包括 5 种样式。

❏ **外斜面** 在图像外边缘创建斜面效果，如图 5-50 所示。

图 5-50 外斜面效果

❏ **内斜面**　在图像内边缘上创建斜面效果，如图 5-51 所示。
❏ **浮雕效果**　创建使图像相对于下层图像凸出的效果，如图 5-52 所示。

图 5-51　内斜面效果

图 5-52　浮雕效果

❏ **枕状浮雕**　创建将图像边缘凹陷进入下层图层中的效果，如图 5-53 所示。
❏ **描边浮雕**　在图层描边效果的边界上创建浮雕效果（只有添加了描边样式的图像才能看到描边浮雕效果），如图 5-54 所示。

图 5-53　枕状浮雕效果

图 5-54　描边浮雕效果

2. 方法

【斜面和浮雕】样式中的【方法】选项，可以控制浮雕效果的强弱。其中包括三个级别。

❏ **平滑**　可稍微模糊杂边的边缘，用于所有类型的杂边，不保留大尺寸的细节特写。
❏ **雕刻清晰**　主要用于消除锯齿形状（如文字）的硬边杂边，保留细节特写的能力优于【平滑】选项，如图 5-55 所示。
❏ **雕刻柔和**　没有【雕刻清晰】描写细节的能力精确，主要应用于较大范围的杂边，如图 5-56 所示。

图 5-55　雕刻清晰效果

3. 光泽等高线

【光泽等高线】选项能够创建有光泽的金属外观。该效果是在为斜面或浮雕加上阴影效果后应用的。

单击【光泽等高线】下拉列表，从弹出的列表中可选择不同的选项，以获得各种光泽效果，如图 5-57 所示。

图 5-56　雕刻柔和效果

4. 等高线

在【斜面和浮雕】样式中，除了能够设置【光泽等高线】选项外，还可以设置【等高线】选项。前者的设置只会影响"虚拟"的高光层和阴影层；后者则为对象本身赋予条纹状效果，如图 5-58 所示。

图 5-57　设置【光泽等高线】

图 5-58　设置【等高线】选项效果

5.2.4　其他图层样式

在【图层样式】对话框中，还能够对图像进行单色、渐变颜色、图案的填充样式以及描边样式的设置。这些样式效果在工具与命令中同样能够实现，只是后者的效果设置是一次性的，不能够进行参数修改，而前者不仅能够重复修改参数，还可以保留原图像。

1．颜色叠加

【颜色叠加】是一个既简单又实用的样式，其作用实际上相当于为图像着色。启用【颜色叠加】选项，即可为图像填充默认的红色，如图 5-59 所示。

在该样式中，可以设置叠加的颜色、颜色的混合模式以及不透明度，从而改变叠加色彩的效果，如图5-60 所示。

图 5-59　默认颜色叠加效果

技　巧

【颜色叠加】图层样式中颜色的更换，只要单击色块即可打开【选取叠加颜色】拾色器，从中确定颜色。

2．渐变叠加

【渐变叠加】与【颜色叠加】样式的原理完全一样，只不过覆盖图像的颜色是渐变而不是单色。在前者参数中，还可以改变渐变样式以及角度，如图 5-61 所示。

图 5-60　颜色选项效果

图 5-61　渐变叠加效果

图 5-62　拖动与缩小效果

在【图层样式】对话框打开的同时，在画布中单击并拖动光标，即可改变渐变颜色的显示位置；如果要设置渐变颜色的显示效果，可以设置【缩放】参数值，如图 5-62 所示。

3．图案叠加

使用【图案叠加】样式可在图层内容上添加各种预设或是自定的图案。在打开的图案库中，单击图案方块，选择要填充的图案，如图 5-63 所示。

4．描边样式

【描边】样式也是一个较为直观和常用的样式，它能够使用【颜色】、【渐变】和【图案】，对图像非透明部分进行边缘描边，如图 6-64 所示。

5.3　应用图层样式

当为图层添加图层样式后，既可以修改与复制该样式，也可以缩放其效果，还可以将设置好的样式保存在【样式】面板中，方便以后重复使用。

●-- 5.3.1　应用与编辑图层样式

无论是在【图层样式】中，还是在【样式】面板中，均能够打开 Photoshop 的预设样式效果。只要单击面板中的样式方块，即可为图像添加固定的样式效果，如图 5-65 所示。

在【图层样式】对话框中，还可以将自己设置好的样式添加到【样式】面板中，以便以后重复使用。方法是在【图层样式】对话框中单击【新建样式】按钮，在弹出的对话框中设置样式的名称，然后在【样式】面板中就可以查看到自定义的样式，如图 5-66 所示。

> **技巧**
>
> 单击【样式】面板右上角的小三角，在弹出的关联菜单中既可以选择样式效果显示的方式，也可以载入 Photoshop 自带的样式，还可以通过【载入样式】命令载入外部样式。

图 5-63　图案填充效果

图 5-64　描边效果

图 5-65　应用预设图层样式

5.3.2 复制与缩放图层样式

在进行图形设计过程中，经常遇到多个图层使用同一个样式，或需要将已经创建好的样式从当前图层移动到另外一个图层上去的情况。这样的操作在【图层】面板中，通过按住功能键，即可轻松完成。

当需要将样式效果从一个图层复制到另一个图层中时，只需按住 Alt 键，将其拖动到另一个图层中即可，如图 5-67 所示。

当需要将一个样式效果转移到另外一个图层中时，只需要拖动样式到另一个图层中，即可将样式转移到另一个图层中，如图 5-68 所示。

图 5-66　自定义图层样式

图 5-67　复制图层样式

图 5-68　转移图层样式

> **提 示**
>
> 添加完成图层样式后，还可以使用相同的方法再次打开该对话框，在【图层样式】对话框中修改样式选项改变样式效果。

在使用图层样式时，有些样式可能已针对目标分辨率和指定大小的特写进行过微调，因此就有可能产生应用样式的结果与样本的效果不一致的现象，如图 5-69 所示。

这时就需要单独对效果进行缩放，才能得到与图像比例一致的效果。选择缩小图像所在图层，执行【图层】|【图层样式】|【缩放效果】命令，弹出【缩放图层效果】对话框，设置样式的缩放比例参数与图像缩放相同，发现样式效果与缩放前相同，如图 5-70 所示。

图 5-69　缩小图像

图 5-70　缩小样式

5.3.3　将样式创建为图层

为图层内容添加了样式后，用户也可以将图层样式转换为图像图层，然后通过绘画、应用命令或滤镜来增强效果。执行【图层】|【图层样式】|【创建图层】命令，【图层】面板中显示出新创建的图层，如图 5-71 所示。

将样式创建为图层后，即可对每一层进行编辑，以创建出更特殊的效果。比如在"Wisdom 的投影"图层中，执行【动感模糊】滤镜命令，即可改变整体样式效果，如图 5-72 所示。

图 5-71　创建样式图层

图 5-72　添加滤镜效果

5.4　课堂练习：制作逼真的水彩风景画

本例将要制作一幅水彩风景画，在该例中使用了图层【不透明度】与【混合模式】命令，还使用了【去色】和【亮度/对比度】以及【滤镜】选项来协助完成，最终效果如图 5-73 所示。

图 5-73　水彩效果

操作步骤：

1　打开素材图片，按 Ctrl+J 快捷键将背景层复制并命名为"图层 1"，如图 5-74 所示。

2　选择"图层 1"，执行【图像】|【调整】|【亮度/对比度】命令，弹出对话框，进行设置，

如图 5-75 所示。

图 5-74　复制背景层

3　将"图层 1"复制生产"图层 1 副本"，执行【图像】|【调整】|【去色】命令，将色彩图像转换为灰色图像，如图 5-76 所示。

图 5-75　执行【亮度/对比度】命令

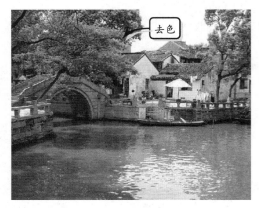

去色

图 5-76　执行【去色】命令

4　在该图层中，执行【滤镜】|【艺术效果】|
【干画笔】命令，设置参数，形成笔触效果，
如图 5-77 所示。

图 5-77　执行【干画笔】命令

5　在"图层 1 副本"的图层中，选择【混合模
式】选项为【滤色】，使其与下方彩色图像
融合，如图 5-78 所示。

设置

图 5-78　设置混合模式

6　按 Ctrl+J 快捷键复制"图层 1 副本"，将"图
层 1 副本 2"的【混合模式】设置为【明度】，
设置【填充】为 45%，完成最终效果，如
图 5-79 所示。

图 5-79　设置混合模式

5.5　课堂练习：制作放大镜放大效果

本例制作放大镜放大效果，在制作的过程中，通过添加投影、内阴影、外发光、内
发光、斜面和浮雕、颜色叠加、渐变叠加、光泽和描边功能的运用来制作逼真的放大镜

镜面，如图 5-80 所示。

图 5-80　最终效果

操作步骤：

1　执行【文件】|【新建】命令，新建 1024 × 667 像素的"放大镜效果"文档，设置背景颜色为#C9D5DF，按 Ctrl+O 快捷键，打开"放大镜"图片，将其拖入"放大镜效果"文档中，如图 5-81 所示。

图 5-81　拖入素材

2　选择工具箱中的【椭圆形选框工具】，按 Shift 键绘制正圆，新建"图层 1"填充为黑色，如图 5-82 所示。

图 5-82　填充颜色

3　将图层的【填充】设置为 0%，执行【图层】|【图层样式】|【投影】命令，设置参数，如图 5-83 所示。

图 5-83　设置投影

4　执行【图层】|【图层样式】|【内阴影】命令，混合模式设置为【亮光】，颜色为【白色】，距离为 2 像素，大小为 7 像素，如图 5-84 所示。

图 5-84　设置内阴影

5　启用【外发光】命令，混合模式设置为【正片叠底】，杂色颜色为黑色，大小为 0%，如图 5-85 所示。

6　启用【内发光】命令，混合模式设置为【滤色】，【不透明度】设置为 100%，杂色颜色为白色，大小为 1 像素，如图 5-86 所示。

图 5-85　设置外发光

图 5-86　设置内发光

7　启用【斜面和浮雕】命令，设置深度为 60%，大小为 250 像素，软化为 16 像素，角度为 90 度，高度为 80 度，高光模式为【滤色】，【不透明度】为 67%，阴影模式为【正片叠底】，【不透明度】为 22%，如图 5-87 所示。

图 5-87　设置斜面和浮雕

8　双击"图层 1"，弹出图层样式对话框，启用【斜面和浮雕】命令，选择【等高线】进行设置，如图 5-88 所示。

图 5-88　设置等高线

9　启用【颜色叠加】命令，混合模式设置为【颜色加深】，【不透明度】设置为 38%，如图 5-89 所示。

图 5-89　设置颜色叠加

10　双击"图层 1"，弹出图层样式对话框，启用【渐变叠加】命令，设置混合模式为【线性光】，【不透明度】为 10%，样式为【线性】，角度为 90 度，缩放为 150%，如图 5-90 所示。

11　启用【光泽】命令，设置混合模式为【正片叠底】，【不透明度】为 100%，角度为 0 度，距离为 2 像素，大小为 7 像素，如图 5-91 所示。

图 5-90　设置渐变叠加

图 5-91　设置光泽

12 启用【描边】命令，设置大小为 2 像素，混合模式为【正常】，【不透明度】为 33%，填充类型为【颜色】，颜色为黑色，如图 5-92 所示。

图 5-92　设置描边

13 拖入"书"素材图片，选择"图层 2"放到最底部，然后移动"图层 1"和"放大镜"

图层，放置合适的位置，如图 5-93 所示。

图 5-93　拖入素材图片

14 按 Ctrl+J 快捷键，复制"图层 2"图层，按 Ctrl+T 快捷键进行自由变换，将变换中心点移动到放大镜中间位置，按住 Shift+Alt 快捷键进行放大，如图 5-94 所示。

图 5-94　放大效果

15 选择"图层 1"，按 Ctrl 键选出镜面的选区，然后再选择"图层 2 副本"，按 Shift+Ctrl+I 快捷键进行反选，按 Delete 键进行删除，按 Ctrl+D 快捷键取消选区，完成制作，删除效果如图 5-95 所示。

图 5-95　删除效果

一、填空题

1. _____是做混合之前位于原处的色彩或图像；_____是被溶解于基色或是图像之上的色彩或图像；_____是混合后得到的颜色。

2. 图层混合模式主要控制上下两个图层在叠加时所显示的_____，通常设置_____的混合模式。

3. 比较模式组包括差值模式、排除模式、_____和_____。

4. 用于显示图像的阴影效果是_____。

5. 要想在缩小图像的同时缩小图层样式，需要执行_____命令。

二、选择题

1. _____混合模式是通过查看每个通道中的颜色信息，并选择基色或混合色中较亮的颜色作为结果色。
    A. 溶解
    B. 正片叠底
    C. 变亮
    D. 变暗

2. _____模式是查看每个通道中的颜色信息，并从基色中减去混合色或从混合色中减去基色。
    A. 排除
    B. 差值
    C. 划分
    D. 减去

3. 当图层中出现符号 *fx*，表示该图层添加了_____。
    A. 填充
    B. 图层样式
    C. 智能
    D. 形状

4. 双击背景以外的图层，能够打开_____对话框。
    A.【图层样式】
    B.【图层属性】
    C.【面板】选项
    D.【图层组属性】

5. _____是用来缩放图层样式效果的。
    A. 复制图层样式
    B. 创建图层
    C. 缩放效果
    D. 全局光

三、问答题

1. 简述混合模式的原理。

2. 在哪些工具或对话框中能够设置混合模式选项？

3. 如何为图像添加图层样式效果？

4. 在添加图层样式后，如何为样式添加其他效果？

5. 怎么才能够成比例缩放图像以及图像样式效果？

四、上机练习

1. 通过混合模式使图片更加亮丽

改变图片的色调不一定要通过色彩调整命令，还可以通过【图层】面板中的图层【混合模式】选项。【混合模式】列表中包含十多种混合选项，可以根据要显示的效果来选择合适的混合选项。这里通过选择【颜色减淡】混合模式，来达到图片更加亮丽的效果，如图 5-96 所示。

图 5-96　设置混合模式

2. 制作凹陷效果

通过添加图层样式效果，制作图像的凹陷效果的步骤非常简单。只要为图像所在图层添加【斜面和浮雕】图层样式，并在【样式】列表中选择【枕状浮雕】选项，然后设置【光泽等高线】为"环形"选项即可，如图 5-97 所示。

图 5-97 枕状浮雕效果

第6章

修复与绘制图像

  由于 Photoshop 是图像处理软件，所以其提供了十多种专门用于修饰和修复问题照片的工具，它们可对一些破损或有污点的图像进行精确而全面地修复。而 Photoshop 的绘制功能也非常强大，绘图工具的使用可以说是 Photoshop 的基本功。只有扎实地掌握它们的使用方法和技巧，才能在图像处理中大做文章。

  在该章节中，除了学习用于修饰图像的修复工具以及用于绘制图像的绘图工具外，还需要掌握绘图中的单色填充与渐变色填充，更好地掌握图像绘制方法。

本章学习要点：

 ➢ 绘图工具
 ➢ 编辑画笔
 ➢ 图形编辑工具
 ➢ 填充工具

6.1 绘图工具

利用 Photoshop 进行绘图，可以达到与现实生活中使用画笔绘画一样的真实效果。在 Photoshop 中，可以用来绘图的工具有三种，其中【混合器画笔工具】 是 Photoshop CS5 新增的绘图工具。当启用这些工具时，在工具选项栏中就会显示相应工具的参数。通过设置这些参数，例如画笔大小、绘图颜色及透明度等，可以创作出非常逼真的作品。

6.1.1 画笔工具

【画笔工具】 可以在画布中绘制当前的前景色。选择工具箱中的【画笔工具】 后，即可像使用真正的画笔在纸上作画一样在空白画布或者图像上进行绘制。

1. 画笔类型

画笔根据笔触类型，可以分为三种。第一种为硬边画笔，此类画笔绘制的线条边缘清晰；第二种为软边画笔，此类画笔绘制的线条具有柔和的边缘和过渡效果；第三种画笔为不规则画笔，此类画笔可以绘制类似于喷发、喷射或爆炸等不规则形状，如图 6-1 所示。

硬边画笔　　　　　　　　软边画笔　　　　　　　　不规则画笔

图 6-1 画笔笔触类型

当选择工具箱中的【画笔工具】 后，在文档中右击鼠标即可弹出一个【画笔预设】选取器。在该选取器中可以设置画笔【主直径】及【硬度】参数的大小，如图 6-2 所示。

2. 绘画模式

绘图模式的作用是设置绘画的颜色与下面的现有像素混合的方法，而产生一种结果颜色的混合模式。混合模式将根据当前选定工具的不同而变化，其中

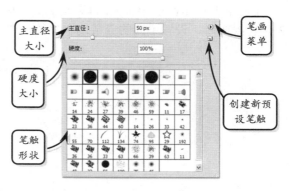

图 6-2 【画笔预设】选取器

绘图模式与图层混合模式类似。只要绘制之前，在工具选项栏中设置【绘画模式】选项，即可得到不同的绘画效果，如图 6-3 所示。

正常模式　　　　　　　　颜色加深模式　　　　　　　　颜色模式

图 6-3 不同绘画模式

3．不透明度

【不透明度】选项是指绘图应用颜色与原有底色的显示程度，在【不透明度】选项中，可以设置从 1%～100%的数决定不透明度的深浅。可以单击下拉列表框右侧的小三角按钮拖动滑块进行调整，或直接在文本框中输入数值，如图 6-4 所示。

不透明度为 80%　　　　　　不透明度为 50%　　　　　　不透明度为 20%

图 6-4 不同的不透明度效果

4．画笔流量

【流量】选项是设置当将指针移动到某个区域上方时应用颜色的速率。在某个区域上方进行绘画时，设置不同的流量速率参数，得到不同的效果，如图 6-5 所示。

画笔流量速率 80%　　　　　　画笔流量速率 50%　　　　　　画笔流量速率 20%

图 6-5 不同流量画笔效果

5．喷枪功能

使用【喷枪】功能模拟绘画时，将指针移动到某个区域上方，如果按住鼠标不放，颜料量将会增加。其中，画笔硬度、不透明度和流量选项可以控制应用颜料的速度和数量。比如，使用湿介质画笔，单击【喷枪】按钮 ，在某一区域单击鼠标，每单击一次鼠标，颜料量将会增加，直到不透明度达到 100%，如图 6-6 所示。

不透明度: 50% ▸ ✏ 流量: 50% ▸ ✒	不透明度: 50% ▸ ✏ 流量: 50% ▸ ✒	不透明度: 50% ▸ ✏ 流量: 50% ▸ ✒
单击 1 次效果	单击 5 次效果	单击 10 次效果

📷 **图 6-6** 喷枪画笔效果

提 示

选择【画笔工具】✏后，在工具选项栏中新增了两个按钮——【绘图板压力控制大小】按钮🖋与【绘图板压力控制不透明度】按钮🖋，这两个工具是在使用绘图板时用来改变笔触的大小与不透明度设置的。

⬤ 6.1.2 混合器画笔工具

【混合器画笔工具】 可以模拟真实的绘画技术，如混合画布上的颜色、组合画笔上的颜色以及在描边过程中使用不同的绘画湿度。

当选择工具箱中的【混合器画笔工具】 后，在工具选项栏中显示该工具的各种选项。其中，在【画笔预设】选取器中还包括 Photoshop CS5 新增的预设笔触形状，如图 6-7 所示。

📷 **图 6-7** 【混合器画笔工具】 选项

1．预设画笔

在 Photoshop CS5 中，在【画笔预设】选取器中新增了预设笔触形状选项。选择这些新增的笔触形状后，可以在工作区域显示笔刷，预览显示效果，如图6-8所示。

图 6-8　笔刷预览显示

2．有用的混合画笔组合

由于【混合器画笔工具】是用来绘制带有纹理的笔触效果的，所以在工具选项栏中的【有用的混合画笔组合】下拉列表中准备了各种画笔的预设效果。这样就能够绘制出不同情况下的笔触效果，比如干燥笔触、湿润与潮湿笔触等，如图6-9所示。

图 6-9　不同笔触效果

3．绘画色管

【混合器画笔工具】有两个绘画色管（一个储槽和一个拾取器）。储槽存储最终应用于画布的颜色，并且具有较多的油彩容量；拾取色管接收来自画布的油彩，其内容与画布颜色是连续混合的。

在工具选项栏中，当禁用【只载入纯色】选项后，按住 Alt 键，在画布中单击即可拾取画布中的图像作为取样，然后使用画笔在图像中绘制，从而将照片效果的图像绘制成油画效果，如图6-10所示。

图 6-10　绘制图像

6.1.3　铅笔工具

【铅笔工具】✐绘制的图形边缘比较僵硬，常用来画一些棱角突出的线条。它的使用方法与【画笔工具】✐类似，不同的是铅笔工具不能设置笔触的硬度，如图 6-11 所示。

图 6-11　铅笔绘制效果

在【铅笔工具】✐的工具选项栏中，【自动涂抹】选项允许用户在包含前景色的区域中绘制背景色。当开始拖动时，如果光标的中心在包含前景色的区域上，则该区域将抹成背景色，如图 6-12 所示。

如果在开始拖动时，光标的中心在不包含前景色的区域上，那么该区域将被绘制成前景色，如图 6-13 所示。

图 6-12　光标中心在包含前景色的区域上

图 6-13　光标中心在不包含前景色的区域上

6.1.4　编辑画笔

在【画笔工具】✐选项栏中，虽然能够设置【画笔预设】选项、【绘画模式】选项、【不透明度】选项与【流量】选项等，但是仅仅通过这些选项，还是不能满足绘画要求。这时可以通过设置【画笔】面板中的选项，来达到要求的效果。当选择【画笔工具】✐后，在工具选项栏中单击【切换画笔面板】按钮▣，即可弹出【画笔】面板，如图 6-14 所示。

1．画笔笔尖形状

选择【画笔工具】✐，按 F5 快捷键打开【画笔】面板。单击面板左侧的【画笔笔尖形状】选项后，面板右侧显示相应的参数。其中，当选择默认的画笔笔触形状时，在调整区域中显示以下选项。

图 6-14　【画笔】面板

❑ **翻转复选框**　在【画笔笔尖形状】选项右侧的调整区中，【翻转 X】选项为水平翻转，【翻转 Y】选项为垂直翻转，分别启用或同时启用时，其效果各不相同，如图 6-15 所示。

图 6-15　翻转复选框

❑ **设置角度参数**　【角度】选项是指定椭圆画笔或样本画笔的长轴从水平方向旋转的角度。随着参数的变化，画笔会呈现出不同的效果，如图 6-16 所示。

图 6-16　角度参数设置

❑ **设置圆度参数**　【圆度】选项是指定画笔短轴和长轴之间的比率。100%表示圆形画笔；0%表示线性画笔；介于两者之间表示椭圆画笔，如图 6-17 所示。

图 6-17　圆度参数设置

❑ **设置间距参数**　设置间距的百分比，可以改变笔触之间的距离，数值在 1%～100%之间设置，如图 6-18 所示。

当目标区域中选择的是 Photoshop CS5 新增的画笔笔触形状时，则显示其特有的选项设置——【硬毛刷品质】选项组。

图 6-18　间距参数设置

❑ **形状**　该选项确定硬毛刷的整体排列，该选项包括 10 个选项，如图 6-19 所示为其中两个选项效果。

图 6-19　形状效果

- ❏ **硬毛刷** 该选项用来控制整体的毛刷浓度，如图 6-20 所示。
- ❏ **长度** 该选项用来更改毛刷长度。
- ❏ **粗细** 该选项用来控制各个硬毛刷的宽度，如图 6-21 所示。
- ❏ **硬度** 该选项用来控制毛刷灵活度。在较低的设置中，画笔的形状容易变形，如图 6-22 所示。
- ❏ **角度** 该选项用来确定使用鼠标绘画时的画笔笔尖角度，如图 6-23 所示。

2. 形状动态

【形状动态】选项决定描边中画笔笔迹的变化，该变化中不规则的形状是随机生成的。

- ❏ **渐隐效果** 该选项是按指定数量的步长在初始直径和最小直径之间渐隐画笔笔迹的大小。每个步长等于画笔笔尖的一个笔迹，值的范围可以从 1 ~ 9999，如图 6-24 所示。
- ❏ **钢笔压力** 依据钢笔压力位置在初始直径和最小直径之间改变画笔笔迹大小。选择该选项后，需要设置【大小抖动】参数值才会显示出效果，如图 6-25 所示。
- ❏ **角度抖动** 该选项是指定描边中画笔笔迹角度的改变方式，其参数范围是 1% ~ 100%，如图 6-26 所示。
- ❏ **圆度抖动** 该选项是指定画笔笔迹的圆度在描边中的改变方式，如图 6-27 所示。

3. 散布

【散布】选项主要确定描边中笔迹的数目和位置，会产生将笔触分散开的效果。

图 6-20　硬毛刷效果

图 6-21　不同粗细效果

图 6-22　不同硬度效果

图 6-23　不同角度效果

图 6-24　不同渐隐效果

图 6-25　钢笔压力效果

图 6-26　角度抖动效果

图 6-27　圆度抖动效果

❏ **散布距离与方向**　该选项指定画笔笔迹在描边中的分布方式以及散布的距离。散布随机性的参数值范围是 0%～1000%，参数值越大，笔尖距原位置越远，如图 6-28 所示。当禁用【两轴】选项时，笔尖垂直于轨迹分布；当启用该选项时，笔尖按径向分布。

图 6-28　不同散布距离效果

图 6-29　不同笔尖数量效果

图 6-30　不同数量抖动效果

❏ **笔尖数量**　该选项是指定在每个间距间隔应用的画笔笔迹数量，其参数值范围是 1～16，如图 6-29 所示。

❏ **数量抖动**　该选项是指定画笔笔迹的数量如何针对各种间距间隔而变，其参数值范围是 0%～100%，如图 6-30 所示。

4．纹理

纹理画笔利用图案使描边看起来像是在带纹理的画布上绘制的一样。启用面板左侧的【纹理】选项，即可改变笔尖的显示效果，如图 6-31 所示。

提　示

启用【纹理】选项后，还可以通过右侧的各个选项来设置图案在笔尖中显示的效果。

5．双重画笔

双重画笔组合两个笔尖来创建画笔笔迹，将在主画笔的画笔描边内应用第二个画笔纹理，并且仅绘制两个画笔描边的交叉区域。

方法是选择一个笔尖形状后，启用面板右侧的【双重画笔】选项，在右侧选取器中选择一种笔尖形状后，两种笔尖形状重合，如图 6-32 所示。

技　巧

在【双重画笔】选项中，可以像设置普通画笔一样，设置第二种笔尖的【直径】、【间距】与【散布】等参数。

6．颜色动态

【颜色动态】选项决定描边路线中油彩颜色的变化方式，使用该选项可以使画笔产生随机的颜色变化。

图 6-31　添加纹理效果

图 6-32　双重画笔效果

方法是设置工具箱中【前景色】和【背景色】的颜色值后，启用【画笔】面板右侧的【颜色动态】选项。在画布中单击并拖动鼠标，即可得到低饱和度的彩色图形，如图6-33所示。

【色相抖动】参数指定描边中油彩色相可以改变的百分比，其中较低的值在改变色相的同时保持接近前景色的色相；较高的值则增大色相间的差异，如图6-34所示。

【饱和度抖动】参数是指定描边中油彩饱和度可以改变的百分比。其中，较低的值在改变饱和度的同时保持接近前景色的饱和度；较高的值增大饱和度级别之间的差异，如图6-35所示。

【亮度抖动】参数是指定描边中油彩的亮度。其中，较低的值在改变亮度的同时保持接近前景色的亮度；较高的值增大亮度级别之间的差异，如图6-36所示。

【纯度】参数能够增大或减小颜色的饱和度，其参数值范围是–100%～100%。如果该值为–100%，则颜色将完全去色；如果该值为100%，则颜色将完全饱和，如图6-37所示。当同时设置这些参数时，能够得到多彩的图形。

图 6-33　启用【颜色动态】选项

图 6-34　设置【色相抖动】参数

图 6-35　设置【饱和度抖动】参数

图 6-36　设置【亮度抖动】参数

图 6-37　设置【纯度】参数

7．传递

【传递】选项是确定油彩在描边路线中的改变方式，随机性地改变笔迹不透明度。其中，【不透明度抖动】参数是指定画笔描边中油彩不透明度如何变化；【流量抖动】参数则是指定画笔描边中油彩流量如何变化，如图6-38所示。

8. 其他画笔选项

除了上述介绍的之外，用户还能设置【杂色】、【湿边】、【喷绘】、【平滑】和【保护纹理】选项，这些选项没有参数设置。启用这些选项用于画笔描绘时，可以实现各种特殊效果。比如，画笔在宣纸上表现的湿边效果，如图 6-39 所示。

9. 自定义画笔

当面板中的笔触不能满足绘画需要时，可以自定义画笔笔触。通过自定义画笔，能够绘制出无数的自定义图案，从而进行再创作。

方法是首先在画布上绘制图形或图案，执行【编辑】|【定义画笔预设】命令，打开【画笔名称】对话框，在该对话框中为画笔命名，如图 6-40 所示。

这时，就可以通过【画笔】面板中的选项设置得到各式各样的画笔效果，如图 6-41 所示。

图 6-38 启用并设置【传递】选项

图 6-39 启用其他选项

图 6-40 自定义画笔

图 6-41 应用自定义画笔效果

6.2 图形编辑工具

在 Photoshop 工具箱中有几组工具是用来编辑与修改图像的，通过对图像像素的更改来提高图像的质量，从而使图像呈现最佳效果。其中包括更改颜色饱和度的工具组、调整图像形状的工具组以及修复图像的工具组等。

6.2.1 颜色工具

工具箱中的颜色工具是用来控制图像特定区域的曝光度和饱和度的，主要包括【减淡工具】🔍、【加深工具】✍和【海绵工具】🧽。通过这些工具的使用，使制作的图像效果更加丰富。

1. 减淡工具

【减淡工具】🔍主要是通过改变图像部分区域的曝光度使图像变亮。在工具选项栏【范围】列表中选择【中间调】选项，如图6-42所示。适当调整画笔大小，在图像的亮部和反光处进行涂抹。

图 6-42　减淡效果

选项栏中的【范围】下拉列表中，包括【阴影】、【中间调】和【高光】3个子选项。选择不同的【范围】选项，会得到不同程度的减淡效果。其中，【阴影】范围中的减淡效果最不明显，如图6-43所示。

❑ **阴影**　更改暗区域。

❑ **中间调**　更改灰色的中间范围。

❑ **高光**　更改亮区域。

图 6-43　【高光】与【阴影】范围的减淡效果

当启用【喷枪】按钮✍，单击对图像进行减淡时，在没有释放鼠标之前会一直工作。如果禁用该功能，则单击只能工作一次。【保护色调】选项能够以最小化阴影和高光中的修剪，还可以防止颜色发生色相偏移，如图6-44所示。

图 6-44　启用与禁用保护色调选项

> **提　示**
>
> 在其他选项相同的情况下，【曝光度】参数值越大，绘制减淡的力度越大，图像的亮度越高。

2. 加深工具

【加深工具】✍同样是改变图像部分区域的曝光度，但是它的作用与【减淡工具】🔍刚好相反。通过

图 6-45　加深效果

【加深工具】✍的处理，可以使图像变暗，如图6-45所示。

3. 海绵工具

【海绵工具】 ● 可以精确地更改区域的色彩饱和度。它主要的功能是对图像加色和去色，从而对图像进行调整。在工具选项栏【模式】下拉列表中选择【饱和】选项，可以提高图像的饱和度，如图 6-46 所示。

在【海绵工具】 ● 工具选项栏【模式】下拉列表中选择【降低饱和度】选项，可以降低图像的饱和度，最终可以将颜色全部去除（相当于饱和度的数值为 0），如图 6-47 所示。

图 6-46　提高图像饱和度

图 6-47　降低图像饱和度

6.2.2　特效工具

在处理图像时，为了主次分明会使主题图像更加清晰，而背景图像相对模糊。这时可以使用工具箱中的特效工具，比如【模糊工具】 ●、【锐化工具】 △ 或者【涂抹工具】 ●。

图 6-48　模糊图像

1. 模糊工具

【模糊工具】 ● 可以柔化硬边缘或减少图像中的细节。它的工作原理是降低图像相邻像素之间的反差，使图像的边界区域变得柔和，产生一种模糊的效果，如图 6-48 所示。

2. 锐化工具

【锐化工具】 △ 与【模糊工具】 ● 刚好相反，它是增大图像相邻像素间的反差，从而使图像看起来更清晰、明了，如图 6-49 所示。

图 6-49　锐化图像

3. 涂抹工具

【涂抹工具】 ● 模拟将手指拖过湿油漆时所产生的效果。该工具可拾取描边开始位置的颜色，并沿拖移的方向展开这种颜色，如图 6-50 所示。

在【涂抹工具】🔸工具选项栏中，除【模糊工具】🔹选项栏的选项以外，还增加了一个【手指绘画】选项。当启用该选项时，可使用每个描边起点处的前景色进行涂抹。如果禁用该选项，【涂抹工具】🔸会使用每个描边的起点处指针所指的颜色进行涂抹，如图 6-51 所示。

图 6-50　涂抹图像

图 6-51　启用【手指绘画】选项

6.2.3　图章工具

在修复图像工具中，【仿制图章工具】🔹和【图案图章工具】🔹都是利用图章工具进行绘画。其中，前者是利用图像中某一特定区域工作；后者是利用图案工作。

1．仿制图章工具

【仿制图章工具】🔹类似于一个带有扫描和复印作用的多功能工具，它能够按涂抹的范围复制全部或者部分到一个新的图像中，它可创建出与原图像完全相同的图像。方法是选择【仿制图章工具】🔹后，按住 Alt 键在图像的某个位置单击进行取样，如图 6-52 所示。

图 6-52　进行取样

然后将光标指向其他区域时，光标中会显示取样的图像。进行涂抹时，能够按照取样源的图像进行复制图像，如图 6-53 所示。

工具选项栏中的【对齐】选项用来控制像素取样的连续性。当启用该选项后，即使释放鼠标按钮，也不会丢失当前取样点，可以连续对像素进行取样，如图 6-54 所示。

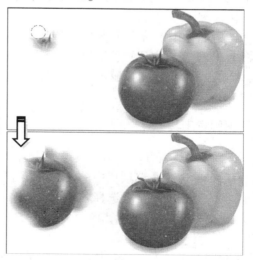

图 6-53　复制图像

如果禁用【对齐】选项，则会在每次停止并重新开始绘制时，使用初始取样点中的样本像素，如图 6-55 所示。

图 6-54 启用【对齐】选项

图 6-55 禁用【对齐】选项

2.【仿制源】面板

【仿制源】面板具有用于仿制图章工具或修复画笔工具的选项。通过面板选项设置，可以设置 5 个不同的样本源并快速选择所需的样本源，而不用在每次需要更改为不同的样本源时重新取样。

在默认情况下，面板中第一个【仿制源】选项被启用，并且呈现"未使用"状态。当使用【仿制图章工具】 进行取样后，该选项将显示样本所在的文档以及图层名称，如图 6-56 所示。

图 6-56 设置第一个仿制源

接着启用第二个【仿制源】选项，为其他图像进行取样，显示该样本所在文档以及图层的名称，如图 6-57 所示。这时，在面板中启用不同的【仿制源】选项，即可根据不同的样本进行复制。

【仿制源】面板中的各个选项既可以查看样本源的叠加，以便在特定位置仿制源，也可以缩放或旋转样本源，以更好地匹配仿制目标的大小和方向，如图 6-58 所示。

图 6-57 设置第二个仿制源

3. 图案图章工具

【图案图章工具】 可以利用图案进行绘画。选择该工具后，单击工具选项栏中的【图案】拾色器，在弹出的对话框中可以选择各种图案。然后在画布中涂抹，即可填充图案，如图 6-59 所示。

在【图案图章工具】 选项栏中，启用【印象派效果】选项后，可使仿制的图案产生涂抹混合的效果，如图 6-60 所示。

图 6-58 复制不同方向的图像

图 6-59 图案图章效果

图 6-60 启用【印象派效果】选项

6.2.4 修复工具

修复工具有一个共同点，就是把样本像素的纹理、光照、透明度和阴影与所修复的像素相匹配，而使用复制的方法或使用仿制图章工具则不能实现其效果。修复工具组中包括【修复画笔工具】 ✐ 、【污点修复画笔工具】 ✐ 、【修补工具】 ⬤ 和【红眼工具】 ✛ 。

1. 修复画笔工具

【修复画笔工具】 ✐ 可用于校正瑕疵，使它们消失在周围的图像中。与仿制工具一样，使用【修复画笔工具】 ✐ 可以利用图像或图案中的样本像素来绘画。

图 6-61 去除瑕疵

选择【修复画笔工具】 ✐ ，在工具选项栏中启用【取样】选项。在人物脸部区域按住 Alt 键单击进行取样，然后单击瑕疵部分即可去除瑕疵，如图 6-61 所示。

当启用工具选项栏中的【图案】选项后，【图案】拾色器成可用状态。选择一个图案后，即可在画布中添加该图案。只是填充后的图案边缘，会与原图像的纹理相融合，如图 6-62 所示。

【污点修复画笔工具】 ✐ 与【修复画笔工具】 ✐ 的工作原理类似，前者可以快速移去照片中的污点和其他不理想部分。该工具的

图 6-62 填充图案

特点是不要求指定样本点，它将自动从所修饰区域的周围取样。方法是选择该工具后，适当调整画笔大小，在人物斑点处单击鼠标即可去除斑点，如图 6-63 所示。

图 6-63 去除斑点

提 示

工具选项栏中的【类型】选项可控制修复后的图像效果。其中，【内容识别】选项能够使用选区边缘周围的像素来查找要用作选定区域修补的图像区域；【创建纹理】选项能够使用选区中的所有像素创建一个用于修复该区域的纹理。

2．修补工具

【修补工具】🔘可以使用当前打开文档中的像素来修复选中的区域，与其他修复工具原理相似。它不仅可以将样本像素的纹理、光照和阴影与源像素进行匹配，还可以仿制图像的隔离区域。

与其他修复工具不同的是，【修补工具】🔘在修补图像时，需要首先创建选区，通过调整选区图像实现修补效果。方法是选择该工具后，启用工具选项栏中的【源】选项，在瑕疵区域建立选区后，单击并拖动选区至完好区域，释放鼠标后，原来选中的区域被指向的区域像素替换，如图 6-64 所示。

图 6-64 修补图像

如果启用选项栏中的【目标】选项，就要实施相反的操作，先在图像找一个"干净"的区域建立选区，然后像打补丁一样拖动选区到有"污渍的部分"覆盖该区域。

当禁用【透明】选项时，会将目标样本修复源样本；要是启用该选项，会使源对象与目标图像生成混合图像，如图 6-65 所示。

图 6-65 启用【透明】选项

3．红眼工具

【红眼工具】👁可以去除闪光灯拍摄的人物照片中的红眼。它的工作原理是去除图像中红色像素。它不但可以去除百分百的红色，而且只要图像中存在红色像素，使用【红眼工具】就可以将该图像中一定范围的红色去除。

【红眼工具】的使用方法非常简单，打开一张红眼图片，选择该工具，将光标移动至红眼区域，单击鼠标即可消除红眼，如图 6-66 所示。

在该工具的选项栏中，【瞳孔大小】参数栏可增大或减小受红眼工具影响的区域；【变暗量】参数栏用于设置校正的暗度。

图 6-66　消除红眼

6.2.5　擦除工具

擦除工具主要包括【橡皮擦工具】、【背景橡皮擦工具】和【魔术橡皮擦工具】等，它们主要的作用是修改图像中出错的区域。

1. 橡皮擦工具

【橡皮擦工具】可以更改图像中的像素。如果在背景图层锁定的情况下进行工作，那么使用【橡皮擦工具】擦除后将填充为背景色，如图 6-67 所示。

如果图层为普通图层，则橡皮擦除的为透明像素。如图 6-68 所示为使用【橡皮擦工具】将"图层 1"部分区域擦除为透明像素的效果。

图 6-67　擦除后填充为背景色

2. 背景橡皮擦工具

【背景橡皮擦工具】可以将图层上的像素抹成透明，从而可以在抹除背景的同时

图 6-68　擦除普通图层

在前景中保留对象的边缘，如图 6-69 所示。在工具选项栏中打开【画笔预设】选取器，在选取器中用户可以设置画笔的【直径】、【硬度】、【间距】、【角度】和【圆度】等参数。

图 6-69　背景橡皮擦工具

在【背景橡皮擦工具】选项栏中，当用户启用【保护前景色】选项时，在擦除图像时，与用户所设置的前景色颜色相同的将不被擦除，如图 6-70 所示。

图 6-70　保护前景色

3. 魔术橡皮擦工具

【魔术橡皮擦工具】在图层中单击时，该工具会自动更改所有相似的像素，将其擦除为透明，如图 6-71 所示。

图 6-71　擦除相同颜色图像

6.3　填充工具与类型

在 Photoshop 中有两种填充工具，它们分别是【渐变工具】和【油漆桶工具】。它们的主要作用是赋予物体颜色，通过对物体颜色的填充，使物体更加生动，从而给人以视觉享受。

6.3.1　单色填充

【油漆桶工具】是进行单色填充和图案填充的专用工具，与【填充】命令相似。方法是选择【油漆桶工具】后，在工具选项栏中，选择【填充区域的源】选项，然后分别选择【前景】与【图案】在画布中单击，即可得到填充效果，如图 6-72 所示。

图 6-72　填充单色与图案

当启用工具选项栏中的【所有图层】选项后，可以编辑多个图层中的图像；禁用该选项后，只能编辑当前的工作图层，如图 6-73 所示。

6.3.2 渐变填充

【渐变工具】■■可以创建两种或者两种以上颜色间的逐渐混合。也就是说，可以用多种颜色过渡的混合色填充图像的某一选定区域或当前图层上的整个图像。

一般情况下，单击【渐变工具】■■在工具选项栏中将显示渐变工具参数。在图像中按住鼠标拖动，当拖动至另一位置后释放鼠标即可在图像（或者选取范围）中填入渐变颜色，如图 6-74 所示。

技 巧

填充颜色时，若按 Shift 键，则可以按 45°、水平或垂直的方向填充颜色。此外，填充颜色时距离越长，两种颜色键的过渡效果就越平顺。拖动的方向不同，其填充后的效果也将不一样。

□ **工具选项栏**

在【渐变工具】选项栏中包含有多项参数选项，可以看到【线性渐变】■■、【径向渐变】■■、【角度渐变】■■、【菱形渐变】■■和【对称渐变】■■5 种渐变图标，分别选择这 5 种图标可以创建出 5 种渐变样式，即可完成 5 种不同效果的渐变填充，如图 6-75 所示。它们的功能如表 6-1 所示。

图 6-73　禁用与启用【所有图层】选项

图 6-74　创建渐变

图 6-75　渐变样式

表 6-1 渐变样式功能

名　称	图标	功　能
线性渐变	■■	在所选择的开始和结束位置之间产生一定范围内的线性颜色渐变
径向渐变	■■	在中心点产生同心的渐变色带。拖动的起始点定义在图像的中心点，释放鼠标的位置定义在图像的边缘
角度渐变	■■	根据鼠标的拖动，顺时针产生渐变的颜色，这种样式通常称为锥形渐变
菱形渐变	■■	创建一系列的同心钻石状（如果进行垂直或水平拖动），或同心方状（如果进行交叉拖动）渐变，其工作原理和【径向渐变】■■一样
对称渐变	■■	当用户由起始点到终止点创建渐变时，对称渐变会以起始点为中线再向反方向创建渐变

在工具选项栏中，还包括【模式】下拉列表框、【不透明度】文本框、【反向】复选框、【仿色】复选框和【透明区域】复选框。其中前两者与【画笔工具】中的相似，【仿色】是用递色法来表现中间色调，使渐变效果更加平顺；启用【透明区域】将打开透明蒙版功能，在填充渐变颜色时，可以应用透明设置。

图 6-76　【渐变编辑器】对话框

❑【渐变编辑器】对话框

除了可以使用系统默认的渐变颜色填充以外，还可以自定义渐变颜色来创建渐变效果，这需要使用【渐变编辑器】。在【渐变工具】选项栏中单击渐变条，即可打开该对话框，如图 6-76 所示。其中 A 为面板菜单；B 为不透明度色标；C 为调整值或删除选中的不透明度或色标；D 为中点；E 为色标；F 为色标颜色或位置的调整。

❑ 渐变类型

通过【渐变编辑器】对话框，可以设置两种类型的渐变，它们分别是【实底】渐变和【杂色】渐变。上面所介绍的渐变均为【实底】渐变。下面介绍【杂色】渐变的相关知识。

在【渐变编辑器】对话框中的【渐变类型】下拉列表中选择【杂色】渐变。用户可以看到，渐变条上没有色标可以调节了，取而代之的是颜色模型选项，共有 3 种选项：RGB、HSB 和 LAB，如图 6-77 所示。

图 6-77　选择【杂色】渐变类型

> **提 示**
> 选择 HSB 模型，在 S 滑杆上将滑块向左移动，可以更改杂色渐变的饱和度。选择 LAB 模型，在 L 滑杆上将滑块向右移动，可以更改杂色渐变的明度。

在【杂色】渐变类型下，还可以通过在【选项】区域中启用相关选项来设置不同的效果，共有三个选项，分别为【限制颜色】选项、【增加透明度】选项与【随机化】按钮。其中前者会将把渐变条上的颜色值减去一半；启用【增加透明度】选项渐变条会呈现 50%透明的状态；单击【随机化】按钮将随机出现各种渐变条。

6.4　课堂练习：绘制梅花

本例绘制一幅梅花图像，效果如图 6-78 所示。在绘制的过程中，通过利用【画笔工具】，绘制梅花的枝干。选择【旋转画笔 20 像素】画笔，并设置不同的画笔大小，绘制出有层次感的梅花，再添加花蕊。最后，利用【混合器画笔工具】✔书写字体，导入印章素材，完成梅花的绘制。

图 6-78 绘制梅花

操作步骤：

1. 新建 1000×535 像素的空白文档，命名为"绘制梅花"。在工具箱中单击【画笔工具】✎按钮，新建图层，设置前景色为黑色，如图 6-79 所示。

图 6-79 新建图层

提 示

按 F5 快捷键可打开【画笔】面板，单击【画笔】面板右上角的三角形按钮▾≡，在弹出的关联菜单中选择【湿介质画笔】选项，在弹出的对话框中单击【追加】按钮，可在画笔面板中添加湿介质画笔。

2. 在【画笔】面板中，选择【深描水彩笔】样式，并设置画笔大小为 90px，在画布中绘制梅花的枝干，如图 6-80 所示。

图 6-80 绘制枝干

3. 使用相同的画笔，分别调整画笔的大小，绘制出梅花的其他枝干部分，如图 6-81 所示。

图 6-81 绘制梅花枝干的其他部分

4 再新建图层，使用相同的画笔工具，适当调整大小，沿枝干边缘绘制细节，使枝干更有苍劲感，如图 6-82 所示。

图 6-82　绘制枝干细节

5 在【画笔】面板中，选择【轻微不透明度水彩笔】，设置前景色为#6B6C66，在工具选项栏中，设置画笔的【不透明度】为 30%，在画布中沿枝条涂抹，突出明暗关系，如图 6-83 所示。

图 6-83　绘制枝干的亮部

6 打开【画笔】面板，载入"自然画笔 2"，选择【旋转画笔 20 像素】样式。新建图层，设置前景色为#FC0516，设置不同的画笔大小，绘制梅花图像，如图 6-84 所示。

提 示

在工具选项栏中，设置画笔的【不透明度】和【流量】均为 50%，在画布中单击可绘制花瓣。在同一地方单击多次，可绘制颜色较深的梅花。

图 6-84　绘制梅花

7 新建图层，设置前景色为#F2E961。在【画笔】面板中选择【铅笔-细】画笔样式，设置【控制】为【渐隐】，渐隐参数为 25，绘制渐隐效果的花蕊，如图 6-85 所示。

图 6-85　绘制花蕊

8 在所有图层的最上方新建图层，按 Ctrl+Alt+Shift+E 快捷键盖印图层。导入"画轴"素材，放在所有图层的最下方，如图 6-86 所示。

图 6-86　导入画轴素材

在【图层】面板中新建名为"梅花"的图层组，将梅花的所有图层拖至该图层组中并隐藏该图层组，只显示画轴和盖印的梅图层。

⑨ 选择"梅花"图层，按 Ctrl+J 快捷键将其复制一层。执行【编辑】|【变换】|【水平翻转】命令，将图像水平翻转，如图 6-87 所示。

图 6-88 书写"梅"字

图 6-87 水平翻转图像

提示

在工具选项栏中，选择画笔类型为【中号湿边油彩笔】，设置大小为 74 像素。

⑪ 再导入印章素材，将其放到合适的位置，最后保存文件，完成梅花的绘制，如图 6-89 所示。

提示

将图像水平翻转后，按 Ctrl+T 快捷键将图像等比例缩小，设置等比例缩放为 70%。

⑩ 新建图层，在工具栏中选择【混合器画笔工具】，在工具选项栏中设置画笔组合为【非常潮湿，深混合】，在画布中书写"梅"字，如图 6-88 所示。

图 6-89 导入印章素材

6.5 课堂练习：修饰美女照片

本例是修饰美女脸部的斑点以及眼袋等细节，如图 6-90 所示。在制作的过程中，利用【修补工具】去除美女脸部的雀斑，再利用【仿制图章工具】去除眼袋，修饰眼部，最后修饰脸部的细节，完成美女照片的修饰。

图 6-90 修饰美女照片

操作步骤：

① 新建 1467×1200 像素的空白文档，导入背景素材。将背景素材拖入该文档中，并按 Ctrl+J 快捷键复制背景素材，如图 6-91 所示。

② 隐藏"图层 1"，显示"图层 1 副本"图层。在工具箱中选择【椭圆形选框工具】，在画布上绘制选区，如图 6-92 所示。

图 6-91　复制图层

注　意

绘制的选区不要太大，框选一处雀斑即可。绘制的圆太大，处理的人物图像容易失真。

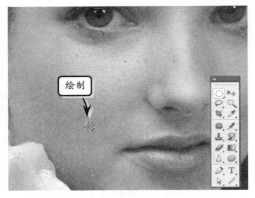

图 6-92　绘制椭圆

3　在工具箱中选择【修补工具】 ，拖动选区到右侧没有雀斑的地方，即可去除雀斑，如图 6-93 所示。

图 6-93　去除脸部的雀斑

技　巧

直接使用【修补工具】 也可以绘制选区，如果图中选择修补的是【目标】，在人物的脸部没有雀斑的地方绘制选区，使用【修补工具】 将选区拖向有雀斑的地方，即可去除雀斑。

4　按照相同的方法，依次绘制椭圆选区并使用【修补工具】 ，去除人物脸部的雀斑，如图 6-94 所示。

图 6-94　去除脸部其他雀斑

注　意

在使用【修补工具】 时，拖动选区应该拖动到与所选皮肤相似的脸部区域，这样修饰出的效果更真实。

5　在工具箱中，选择【仿制图章工具】 ，设置半径为 30px，【不透明度】为 70%。按住 Alt 键在人物的左眼角单击，定义取样点，如图 6-95 所示。

图 6-95　定义取样点

6 在眼睛下侧的皱纹、眼袋上拖动鼠标，去除这些内容，分别调整半径大小以及选择不同的取样点，如图 6-96 所示。

图 6-96 去除眼袋及皱纹

7 按照相同的方法，使用【仿制图章工具】，去除右眼下侧的皱纹以及眼袋，再使用【修补工具】，修饰脸部的细节部分，完成美女照片的修饰，如图 6-97 所示。

图 6-97 修饰右眼

6.6 思考与练习

一、填空题

1．画笔根据笔触类型，可以分为三种，分别是_____、软边画笔和_____。

2．_____可以模拟真实的绘画技术，如混合画布上的颜色、组合画笔上的颜色以及在描边过程中使用不同的绘画湿度。

3．定义特殊画笔时只能定义_____，而不能定义画笔颜色。

4．擦除工具组包括三种工具，分别为_____、【背景擦除工具】和_____。

5．修复工具组包括四种用于修复图像的工具，分别为【修复画笔工具】、_____、【修补工具】和_____。

二、选择题

1．下面工具中，_____工具不属于绘图工具图标。

A．✏️   B．🖊️

C．⬜   D．🩹

2．【混合器画笔工具】工具选项栏中不包含_____选项。

A．不透明度   B．潮湿

C．流量   D．混合

3．使用【背景橡皮擦工具】擦除图像后，前背景颜色将变为_____。

A．白色

B．透明色

C．与当前背景颜色相同

D．以上都不对

4．【红眼工具】选项栏的参数中，包括下面的_____参数选项。

A．流量   B．取样

C．模式   D．变暗量

5．使用【油漆桶工具】不能填充_____。

A．前景色   B．单色

C．图案   D．内容识别

三、问答题

1．混合器画笔工具主要是用来做什么的？

2．如何自定义画笔？

3．【污点修复画笔工具】与【修复画笔工具】有什么区别？

4．简述【渐变工具】与【油漆桶工具】的区别。

5．渐变填充包括哪几种类型？

四、上机练习

1. 快速制作油画效果

【混合器画笔工具】![icon]可以模拟真实的绘画技术，如混合画布上的颜色、组合画笔上的颜色以及在描边过程中使用不同的绘画湿度。只要选择该工具后，禁用【只载入纯色】选项，然后按住 Alt 键在图像中进行取样，即可进行涂抹，形成油画效果，如图 6-98 所示。

图 6-98　油画效果

2. 制作烛光效果

画笔是一个神奇的工具，只要在【画笔】面板选择不同的形状与设置不同的参数，就可以制作出不同的效果，比如绒花、星光、烛光等。如图 6-99 所示的图像就是通过画笔制作出的烛光效果。

图 6-99　烛光效果

第7章

路径应用

　　图像合成是 Photoshop 主要的编辑功能，而路径的创建是为了更好地将局部图像从整体图像中分离出来。在 Photoshop 中利用路径工具可以弥补选区工具的一些不足，并对绘制后的线条进行填充或者描边，实现对图像的更多控制。其中路径还具有另外一个重要的功能，就是绘制矢量图形。

　　在该章节中将详细讲解路径功能及工具的操作与编辑技巧。通过学习本章内容，读者可以掌握各种路径工具的选项设置以及使用方法，灵活运用路径工具绘制和调整各种矢量形状、路径，实现编辑位图图像的最终目的。

本章学习要点：

➤ 了解路径
➤ 创建路径
➤ 编辑路径
➤ 应用路径

7.1 认识路径

　　路径是位图编辑软件中的矢量工具，使用路径中的各种工具能够创建出可以任意放大与缩小的矢量路径，不仅能够绘制出各种形状的图形，还可以为轮廓复杂的图像创建路径边缘。

7.1.1 路径的基本概念

　　所有使用矢量绘制软件或矢量绘制工具制作的线条，原则上都可以成为路径。它是基于贝赛尔曲线所构成的直线段或曲线段，在缩放或变形后仍能保持平滑效果。

1．路径

　　路径分为开放的路径和封闭的路径。路径中每段线条开始和结束的点称为锚点，选中的锚点显示一条或两条控制柄，可以通过改变控制柄的方向和位置来修改路径的形状。两个直线段间的锚点没有控制柄，如图7-1所示。

图 7-1 路径与锚点

2．贝赛尔曲线

　　一条贝赛尔曲线是由4个点定义的，如图7-2所示，其中P0和P3定义曲线的起点和终点，又称为节点，P1和P2用来调节曲率的控制点。一般可以通过调节节点和控制曲率来满足实际需要。

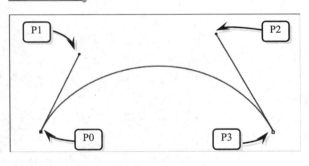

图 7-2 贝塞尔曲线

> **提 示**
>
> 贝赛尔曲线是由法国数学家 Pierre Bezier 所构造的一种以"无穷相近"为基础的参数曲线，由此为计算机矢量图形学奠定了基础。它的主要意义在于无论是直线或曲线都能在数学上予以描述，使得设计师在计算机上绘制曲线就像使用常规作图工具一样得心应手。

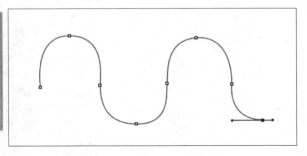

图 7-3 曲线路径

　　通常情况下，仅由一条贝赛尔曲线往往不足以表达复杂的曲线区域。在 Photoshop 中，为了构造出复杂的曲线往往使用贝赛尔曲线组的方法来完成，即将一段贝赛尔曲线首尾连接，如图7-3所示。

提 示

路径不必是由一系列线段连接起来的一个整体，它可以包含多个彼此完全不同而且相互独立的路径组件。

3. 平滑点和角点

锚点分为平滑点和角点。平滑点是指临近的两条曲线是平滑曲线，它位于线段中央，当移动平滑点的一条控制柄时，将同时调整该点两侧的曲线段。两条曲线路径相接为尖锐的曲线路径时，相接处的锚点称为角点，比如直线段与曲线段相接处的锚点就是角点。当移动角点的一条控制柄时，只调整与控制柄同侧的曲线段，如图7-4所示。

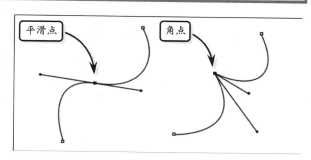

图 7-4　平滑点与角点

7.1.2　认识【路径】面板

在 Photoshop 中绘制的路径，将显示在【路径】面板中，而创建的路径则能够临时存储在【路径】面板中，如图7-5所示，该面板中的按钮以及作用如表7-1所示。

图 7-5　【路径】面板

表7-1　【路径】面板中的按钮名称及作用

序　号	名　　称	图标	作　　用
A	用前景色填充路径		单击该按钮能够在路径中填充前景色
B	用画笔描边路径		单击该按钮能够使用当前画笔样式进行描边
C	将路径作为选区载入		单击该按钮能够将路径转换为选区
D	从选区生成工作路径		单击该按钮能够将现有的选区转换为路径
E	创建新路径		单击该按钮能够创建新的空白路径
F	删除当前路径		单击该按钮能够将选中的路径删除

直接在画布中创建路径后，【路径】面板中会自动创建一个临时的"工作路径"。双击该"工作路径"后，在弹出的【存储路径】对话框中，直接单击【确定】按钮，即可将临时路径存储为永久路径，如图7-6所示。

提 示

临时工作路径在关闭当前文档后就会被删除。只有将其转换为普通路径，才能够永久保存。

图 7-6　保存路径

7.2 创建自由路径

　　路径是一些矢量式的线条，因此无论图像缩小或放大，都不会影响它的分辨率或是平滑度。所以路径也是绘制图像的工具之一，并且是勾勒图像轮廓的最佳工具。使用工具箱中的【钢笔工具】 与【自由钢笔工具】 可以创建任何想要的图像轮廓。

7.2.1 钢笔工具

　　【钢笔工具】 是建立路径的基本工具，使用该工具可以创建直线路径和曲线路径，还可以创建封闭式路径。

1．创建直线路径

　　在空白画布中，选择工具箱中的【钢笔工具】 ，启用工具选项栏中的【路径】功能 。在画布中连续单击，即可创建直线路径，在【路径】面板中出现"工作路径"的临时存储区域，如图 7-7 所示。

图 7-7　绘制直线路径

2．创建曲线路径

　　曲线路径是通过单击并拖动鼠标来创建的。方法是使用【钢笔工具】 在画布中单击 A 点，然后到 B 点单击并同时拖动，释放鼠标后即可建立曲线路径，如图 7-8 所示。

图 7-8　绘制曲线路径

3．创建封闭式路径

　　使用【钢笔工具】 在画布中单击 A 点作为起始点，然后分别单击 B 点和 C 点后，指向起始点（A 点），这时钢笔工具指针右下方会出现一个小圆圈，单击鼠标形成封闭式路径，如图 7-9 所示。

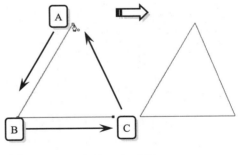

图 7-9　绘制封闭路径

> **技　巧**
>
> 启用工具选项栏中的【橡皮带】选项，可以在移动指针时预览两次单击之间的路径段。无论是直线路径，还是曲线路径，使用相同的方法均能够创建封闭式路径。

7.2.2 自由钢笔工具

　　【自由钢笔工具】 不是通过设置节点来建立路径，而是通过自由手绘曲线建立路径，比如水纹等曲线路径，如图 7-10 所示。

在【自由钢笔工具】 ✐ 选项栏中，单击【几何选项】按钮，在弹出的选项面板中，【曲线拟合】选项是用来控制自动添加锚点的数量，其参数范围为 0.5～10 像素。参数值越大，创建的路径锚点越少，路径越简单，如图 7-11所示。

图 7-10　绘制自由路径

7.3　创建形状路径

在 Photoshop 中，【钢笔工具】 ✐ 是最直接也是最复杂的路径创建工具。因为使用该工具能够一次性得到想要的路径效果，但是在创建过程中则需要进行编辑。现有的几何与预设的形状路径工具能够更简单地创建出想要的路径效果。

7.3.1　几何图路径

常见的几种几何图形在 Photoshop 工具箱中均能找到现有的工具。通过设置每个工具中的参数，还可以变换出不同的效果。

1. 矩形与圆角矩形路径

使用【矩形工具】 ▣ 可以绘制矩形、正方形的路径。其方法是选择【矩形工具】 ▣ ，在画布任意位置单击作为起始点，同时拖动鼠标，随着光标的移动将出现一个矩形框，如图7-12 所示。

图 7-11　设置【曲线拟合】选项

在【矩形工具】 ▣ 选项栏上单击【几何选项】按钮 ▾ ，弹出一个选项面板，默认启用的是【不受约束】选项，其他选项如下所示。

❑ **方形**　启用该选项后，在绘制矩形路径时可以绘制出正方形路径，如图7-13 所示。

❑ **固定大小**　启用该选项，可以激活右侧的参数栏。在参数栏文本框中输入相应的数值，能够绘制出固定大小的矩形路径，如图 7-14 所示。

图 7-12　绘制矩形路径

❑ **比例**　启用该选项，能够在激活的右侧参数文本框中输入相应的数值，来控制矩

图 7-13　绘制正方形路径

形路径的比例大小。

❏ **从中心** 启用该选项，可以绘制以起点为中心的矩形路径。

❏ **对齐像素** 启用该选项，在绘制矩形路径时路径会以每个像素为边缘进行建立。

【圆角矩形工具】■能够绘制出具有圆角的矩形路径。该工具的选项与【矩形工具】■唯一的不同就是前者具有【半径】选项。

该选项默认的参数为 10 像素，其参数值范围为 0～1000 像素。通过设置半径的大小，可以绘制出不同的圆角矩形路径，如图 7-15 所示。在圆角矩形选项栏中，设置的半径数值越大，得到的圆角矩形就越接近于正圆。

2. 椭圆路径

【椭圆工具】●用于建立椭圆形（包括正圆形）的路径。其方法是选择该工具，在画布任意位置单击同时拖动鼠标，随着光标的移动出现一个椭圆形路径，如图 7-16 所示。

注　意

在工具选项面板中，【圆（绘制直径或半径）】选项与【矩形工具】■中的【方形】选项相似，是用来绘制正圆路径的。

3. 多边形路径

使用【多边形工具】●能够绘制出等边多边形，比如等边三角形、五角星和星形等。Photoshop 默认的多边形边数为 5，只要在画布中单击并拖动鼠标，即可创建等边五边形路径，如图 7-17 所示。

在该工具选项栏中可以设置多边形的边数，其范围是 3～100。多边形边数越大，越接近于正圆，如图 7-18 所示。

图 7-14　绘制固定尺寸矩形路径

图 7-15　绘制圆角矩形路径

图 7-16　绘制椭圆路径

图 7-17　绘制五边形路径　　　　**图 7-18　绘制多边形路径**

单击该工具选项栏中的【几何选项】
按钮▾，在弹出的面板中可以设置各种选
项参数，来建立不同效果的多边形路径。

❑ **半径**　通过设置该选项，可以固
定所绘制多边形路径的大小，参
数范围是 1 ~ 150000px，如图 7-19
所示。

图 7-19　设置【半径】选项

❑ **平滑拐角或平滑缩进**　用平滑拐
角或缩进渲染多边形，如图 7-20
所示。

❑ **星形**　启用该选项能够绘制出星
形的多边形，如图 7-21 所示。

4. 直线路径

【直线工具】╱既可以绘制直线路径，
也可以绘制箭头路径。直线路径的绘制方
法与矩形路径相似，只要选中该工具后，
在画布中单击并拖动鼠标即可。直线路径
的粗细是通过选项栏中的【粗细】选项来
决定的，如图 7-22 所示。

图 7-20　禁用与启用【平滑拐角】选项

打开该工具的选项面板，其中的选项
能够设置直线的不同箭头效果。绘制直线
路径时，同时按住 Shift 键可以绘制出水
平、垂直或者 45° 的直线路径。

❑ **起点与终点**　启用不同的选项，
箭头出现在直线的相应位置，如
图 7-23 所示。

图 7-21　不同的星形形状

图 7-22　不同粗细的直线

图 7-23　起点与终点效果

❑ **宽度**　该选项是用来设置箭头宽度的，其范围是 10% ~ 1000%，如图 7-24 所示。
❑ **长度**　该选项是用来设置箭头长度的，其范围是 10% ~ 5000%，如图 7-25 所示。
❑ **凹度**　该选项是用来设置箭头凹度的，其范围是 –50% ~ 50%，如图 7-26 所示。

图 7-24　设置【宽度】选项

图 7-25　设置【长度】选项

7.3.2　形状路径

要想建立几何路径以外的复杂路径，可以使用工具箱中的【自定形状工具】。在 Photoshop 中大约有 250 种形状可供选择，范围包括星星、脚印与花朵等各种符号化的形状。用户也可以自定义喜欢的图像为形状路径，以方便重复使用。

图 7-26　设置【凹度】选项

1．创建形状路径

选择【自定形状工具】，在工具选项栏中单击【形状】右侧的小按钮。在打开的【定义形状】拾色器中，选择形状图案，即可在画布中建立该图案的路径，如图 7-27 所示。

单击拾色器右上角的小三角按钮，在打开的关联菜单中既可以设置图案的显示方式，也可以载入预设的图案形状，如图 7-28 所示。

图 7-27　绘制自由形状路径

> **提　示**
>
> 在关联菜单中，通过选择【载入形状】命令能够将外部的形状路径导入 Photoshop 中；通过选择【复位形状】命令，可以还原【定义形状】拾色器中的形状。

2．自定义形状路径

如果不满意 Photoshop 中自带的形状，还可以将自己绘制的路径保存为自定义形状，方便重复使用。

图 7-28　载入预设图案

方法是在画布中创建路径后，执行【编辑】|【定义自定形状】命令，在【形状名称】对话框中直接单击【确定】按钮，即可将其保存到【自定形状】拾色器中，如图 7-29 所示。

选择【自定形状工具】 <img>后，在【自定形状】拾色器中选择定义好的形状，即可建立该形状的路径，如图 7-30 所示。

7.4 编辑路径

从开始绘制路径到熟练掌握，都离不开 Photoshop 的路径整形功能，它能够移动点和控制柄，添加和删除点以及通过点的转换改变线段的曲率。因此，在初步绘制路径时，不太精确也不要紧，路径编辑工具提供了修正的机会。

● 7.4.1 选择路径和锚点

在编辑路径之前首先需要选中路径或锚点。选择路径的常用工具有【路径选择工具】 <img>和【直接选择工具】 <img>。

1．路径选择工具

选择【路径选择工具】 <img>（快捷键 A）在已绘制的路径区域内任意位置单击，即可选中该路径。此时路径上所有的节点都以实心方块显示，如图 7-31 所示。

如果文档中存在两个或两个以上的路径，用户可以在【路径选择工具】 <img>选择栏中单击【组合】按钮，此时单击任何一个路径，都会选中所有的路径，如图 7-32 所示。

2．直接选择工具

【直接选择工具】 <img>是 Photoshop 中最重要的路径整形工具。它可以单击路径中的某个节点，单独选中它而不影响其他节点。按 Shift 键并单击可以同时选中两个节点，如图 7-33 所示。

图 7-29　保存自定形状路径

图 7-30　创建自定形状路径

图 7-31　选择整个路径

图 7-32　组合路径

提　示

如果要选择多个节点，还可以在路径外任意一处单击鼠标左键并拖动。随着光标的移动，将会出现一个矩形框，矩形框中所框选的节点即被选中的节点。

7.4.2 编辑路径锚点

路径中点和线段的数量是变化的。无论路径闭合或开放，都可以通过【添加锚点工具】📌和【删除锚点工具】📌对路径进行修改。

当拖动【钢笔工具】📌时，Photoshop自锚点画出了方向线和方向点，可以用这些方向线和方向点来调整曲线的方向和形状。在画出曲线路径之后，可以用方向线和点来编辑路径，如图7-34所示。

一条曲线是由4个点进行定义的，其中A与D定义了曲线的起点与终点，又称为节点，而B与C则是用来调节曲率的控制点。通过调节A与D节点，可以调节曲线的起点与终点，调节BC的位置可以灵活地控制整条曲线的曲率，以满足实际需要，如图7-35所示。

1．删除路径锚点

要在路径上删除一个锚点，首先选择【删除锚点工具】📌，移动光标到绘制好的路径的锚点上面，单击即可，如图7-36所示。

2．添加路径锚点

要在路径上添加一个锚点，首先选择【添加锚点工具】📌，移动光标到绘制好的路径上面（不能移动到锚点上），单击即可，如图7-37所示。

图 7-33　选择节点

图 7-34　方向线和点示意图

图 7-35　控制曲率

图 7-36　删除锚点

图 7-37　添加锚点

160

3. 更改锚点属性

锚点共有两种类型，即曲线锚点和直线锚点，这两种锚点所连接的分别是直线和曲线。在直线锚点和曲线锚点之间可以互相转换，以满足编辑需要。使用编辑路径工具的【转换点工具】，就可以轻松自如地实现这一操作。

❏ **将曲线锚点转换为直线锚点**

首先选择【转换点工具】，然后移动光标至图像中的路径锚点上单击，即可将一个曲线锚点转换为一个直线锚点，如图7-38所示。

❏ **将直线锚点转换为曲线锚点**

选择【转换点工具】，在路径上单击要调整的锚点，同时向下拖动鼠标，随着光标的移动将会显示出方向线，拖动方向点即可，如图7-39所示。

❏ **调整曲线方向**

使用【转换点工具】还可以调整曲线的方向，使用【转换点工具】在曲线锚点方向线一端的方向上按住鼠标左键并拖动，就可以调整方向线这一端的曲线形状，如图7-40所示。

图 7-38　将曲线锚点转换为直线锚点

图 7-39　将直线锚点转换为曲线锚点

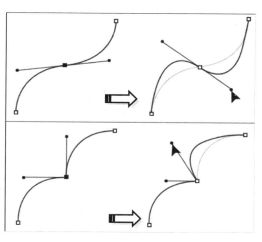

图 7-40　调整曲线方向

> **注　意**
>
> 使用【钢笔工具】绘制路径时，应该用比较少的点来创建图形，使用的点越少，曲线就越平滑。

7.4.3　路径基本操作

路径可以看成一个图层中的图像，因此可以对它进行移动、复制、粘贴和删除等基本操作，甚至可以进行旋转、翻转和自由变换等。

1. 移动与复制路径

在实际操作中，初步绘制的路径往往不到位，需要调整路径的位置才能够达到要求，因此移动路径是常用的操作。

选择【路径选择工具】，将光标指向路径内部，然后单击并拖动鼠标，即可移动路径，从而改变路径在画布中的位置，如图 7-41 所示。

要是选择【直接选择工具】 ，单击并拖动路径中的某个锚点，即可移动该锚点，从而改变该锚点在路径中的位置，但整个路径不会发生位置的变化，如图 7-42 所示。

无论是工作路径还是存储路径，均能够对其进行备份，从而达到复制路径的目的。方法是使用【路径选择工具】 选中路径后，按住 Alt 键并拖动，即可复制该路径，如图 7-43 所示。

图 7-41　移动路径

2．变换路径

自由变换功能同样能够应用于路径，只要使用【路径选择工具】 选中路径后，按 Ctrl+T 快捷键显示变换控制框，即可按图像的自由变换操作来变换路径，这里是对路径进行了水平翻转变换，如图 7-44 所示。

3．路径类型

无论是钢笔工具、几何工具还是形状工具，均能够得到不同的路径图像。只要选择某个路径工具后，在工具选项栏左侧分别单击【形状图层】 、【路径】 和【填充像素】 ，即可逐一创建同一形状、不同类型的效果，如图 7-45 所示。

图 7-42　移动锚点位置

4．路径运算

在设计过程中，经常需要创建更为复杂

图 7-43　复制路径

的路径，利用路径运算功能可将多个路径进行相减、相交、组合等运算。但单一的路径不容易体现运算的效果，下面通过形状图层来进行路径的运算。

图 7-44　变换路径　　　　　图 7-45　路径类型

创建一个形状图形后，启用不同的运算方式功能继续创建形状图形，会得到不同的运算结果，如图 7-46 所示。

7.5 应用路径

路径绘制、编辑完成后，就可以将其转换为选区，或者直接对路径进行填充和描边的操作。下面将为用户详细介绍路径的实际应用。

7.5.1 路径与选区

路径与选区间的转换对于经常从事绘画方面的设计者来说相当重要。它将路径与选区从根本上联系在一起，从而方便用户在绘制图像过程中进行操作。

1. 路径转换为选区

路径转换为选区是路径的一个重要功能，运用这项功能可以将路径转换为选区，然后对其进行各项编辑。方法是打开【路径】面板，单击【将路径作为选区载入】按钮 ◯ 即可，如图 7-47 所示。另一种方法是单击【路径】面板右边的小三角，选择【建立选区】选项，在弹出对话框中还可以设置【羽化半径】的参数。

如果路径为一个开放式的路径，则在转换为选区后，路径的起点会连接终点成为一个封闭的选区，如图 7-48 所示。

2. 选区转换为路径

对于一些比较复杂而颜色却很简单的图像，利用【钢笔工具】 ✐ 绘制又比较麻烦，这时就可以使用【魔棒工具】 ✎ 创建选区，然后在【图层】面板下拉菜单中选择【建立工作路径】命令，在弹出的对话框中设置【容差】参数即可，如图 7-49 所示。

图 7-46　路径运算效果

图 7-47　路径转换为选区

图 7-48　将开放式路径转换为选区

图 7-49　选区转换为路径

7.5.2 对路径填充和描边

不用将路径转换为选区，也可以对路径进行编辑，从而达到绘制图像的效果。例如对路径进行填充或描边，绘制出一些线描图像等。下面就详细介绍几种对路径填充和描边的方法。

图 7-50　填充路径

1．填充路径

要对路径进行填充，首先打开【路径】面板，将前景色设置为要填充的颜色，然后单击该面板下方的【用前景色填充】按钮即可，如图 7-50 所示。

填充路径的另一种方法是通过【填充路径】对话框对路径进行填充。方法是打开【路径】面板，按住 Alt 键单击【用前景色填充】按钮，弹出【填充路径】对话框。在【使用】下拉菜单中可以设置【前景色】、【背景色】和【图案】等选项，如图 7-51 所示。

图 7-51　填充图案路径

2．描边路径

描边路径和工具箱中所选的工具以及画笔的大小与形状有关。在默认情况下，使用选定的笔刷样式（笔尖）沿着路径边缘进行描绘。将要描边的路径选中，设定好画笔笔尖，然后单击【路径】面板底部的【用画笔描边路径】按钮为路径描边，如图 7-52 所示。

图 7-52　描边路径

在【路径】面板中，按住 Alt 键单击【用画笔描边路径】按钮，弹出【描边路径】对话框，在该对话框中启用【模拟压力】选项并选择【工具】为【铅笔】，对路径进行描边可以得到另一种效果，如图 7-53 所示。

图 7-53　启用【模拟压力】选项

本例将绘制逼真的钢笔效果，如图 7-54 所示。在绘制的过程中，通过使用【钢笔工具】 ✐绘制钢笔图像的轮廓，再使用【转换点工具】 ◣和【直接选择工具】 ◖，调整路径描点，使轮廓线更加柔滑。将路径转换为选区并填充后，通过添加图层样式为钢笔添加渐变等效果，绘制出逼真的钢笔图像。

◢ 图 7-54　绘制钢笔效果

操作步骤：

1　在 Photoshop CS5 中，按 Ctrl+N 快捷键新建空白文档。在【新建】对话框中，设置名称为"绘制钢笔"，宽和高均为 600 像素，背景内容为【白色】，如图 7-55 所示。

◢ 图 7-55　新建空白文档

2　在【图层】面板中，单击【创建新图层】按钮 ◻，新建图层，命名为"钢笔"。在工具箱中单击【钢笔工具】按钮 ✐，在画布

中绘制路径，如图 7-56 所示。

◢ 图 7-56　绘制路径

3　按 Ctrl+Enter 快捷键，将路径转换为选区。在工具箱中单击【油漆桶工具】按钮 ◆，设置前景色为黑色，进行填充，如图 7-57 所示。

◢ 图 7-57　填充选区

提　示

填充完成后，按 Ctrl+D 快捷键可取消选区。

4　在【图层】面板中，双击"钢笔"图层，打开【图层样式】对话框。在样式栏中，启用【渐变叠加】样式，在右侧设置【渐变】滑

块的颜色，如图 7-58 所示。

图 7-58   设置【渐变叠加】样式

5 新建"笔身"图层，使用【钢笔工具】 绘制另外一个路径，转换为选区后填充为黑色，在【图层】面板中设置其【不透明度】为 70%，如图 7-59 所示。

图 7-59   绘制路径

6 保持选区不变，复制"笔身"图层，按 Ctrl+T 快捷键设置"笔身副本"图层的【水平缩放】为 75%，按 Enter 键结束变换。设置填充为【白色】，如图 7-60 所示。

图 7-60   复制并填充图层

7 选择"笔身副本"图层，执行【滤镜】|【模糊】|【动感模糊】命令，打开【动感模糊】对话框，设置【距离】为 18 像素，如图 7-61 所示。

图 7-61   设置【动感模糊】参数

8 新建名为"笔头"的图层。使用【钢笔工具】 绘制路径并填充为白色。双击该图层，启用【内发光】样式，设置发光颜色为【中灰密度】渐变，选择【等高线】为"画圆步骤"，如图 7-62 所示。

9 启用【渐变叠加】样式，设置渐变滑块的颜色为"灰色"到"白色"到"灰色"渐变，如图 7-63 所示。

设置

图层样式

图 7-62　添加【内发光】样式

提　示

在【图层】面板中复制"笔头"图层为"笔头副本"图层，设置其【不透明度】为50%。

设置

图 7-63　设置【渐变叠加】样式

10　新建图层，使用【钢笔工具】 绘制路径，转换为选区后填充任意颜色。打开【图层样式】对话框，启用【内阴影】样式，设置【距离】和【大小】均为 1 像素，如图 7-64 所示。

提　示

再启用【渐变叠加】样式，设置其渐变颜色和"笔头"图层的相同。

11　保持上一步骤的选区不变，执行【选择】|【修改】|【扩展】命令，设置【扩展量】为 2 像素。新建图层，填充为黑色，将其放在上一图层的下面，如图 7-65 所示。

设置

图 7-64　添加【内阴影】样式

设置

图 7-65　扩展选区并填充颜色

12　执行【滤镜】|【模糊】|【高斯模糊】命令，设置【半径】为 0.5 像素，并使用【矩形选框工具】 ，删除黑色填充的多余部分，如图 7-66 所示。

设置

图 7-66　设置【高斯模糊】参数

13　新建"笔尖"图层，使用【钢笔工具】 绘制笔尖路径，填充为黑色，为其添加【渐变叠加】样式并设置渐变滑块的颜色，如图7-67所示。

图 7-67　设置【渐变叠加】样式

14　新建"笔尖线"图层，使用【矩形选框工具】绘制选区，填充为黑色。在【图层】面板中单击【添加矢量蒙版】按钮 ，并为蒙版添加由上向下的"白色"到"黑色"渐变，如图7-68所示。

图 7-68　添加矢量蒙版

提　示

再新建图层，命名为"圆点"，使用【椭圆选框工具】结合 Shift 键绘制一个正圆并填充为黑色。

15　选中除背景层以外的所有图层，按住Ctrl+Alt+Shift+E 快捷键盖印所选图层，将盖印图层和背景层以外的图层隐藏并将盖印图层重命名为"钢笔"，如图7-69所示。

图 7-69　盖印所选图层

提　示

选择盖印后的"钢笔"图层，按住 Ctrl+T 快捷键，设置旋转角度为32度。

16　选择背景层，在工具箱中单击【渐变工具】按钮，在工具选项栏中设置渐变颜色，并选择【径向渐变】，为背景层添加渐变颜色，如图7-70所示。

图 7-70　填充背景颜色

17 双击盖印后的"钢笔"图层，打开【图层样式】对话框，启用【投影】样式，设置【不透明度】为 50%，其他参数为默认，如图 7-71 所示。

在画布中输入字母。打开【图层样式】对话框，启用【投影】和【颜色叠加】样式，设置参数，如图 7-72 所示。保存文件，完成钢笔效果的绘制。

图 7-71　设置【投影】参数

18 在工具箱中单击【横排文字工具】按钮 T，

图 7-72　添加文本并设置文本样式

7.7　课堂练习：荷塘中的蝴蝶

　　本实例绘制荷塘中飞舞的蝴蝶，效果如图 7-73 所示。在制作的过程中，使用【钢笔工具】绘制蝴蝶的轮廓路径，转换为选区后填充渐变颜色，绘制出蝴蝶的大致轮廓；再添加高光，绘制翅膀的纹理，并添加背景图片作为装饰，调整蝴蝶的大小和方向，将蝴蝶放在适当的位置，完成制作。

图 7-73　荷塘中的蝴蝶

操作步骤:

1 新建大小为 1920×1200 像素的空白文档。新建"小翅膀"图层,在工具箱中单击【钢笔工具】 ✎ 按钮,在画布中绘制小翅膀的路径,如图 7-74 所示。

图 7-74 绘制小翅膀路径

2 按 Ctrl+Enter 快捷键将路径转换为选区,在工具箱中单击【渐变工具】按钮 ▣ ,设置渐变颜色,渐变类型为【径向渐变】,填充小翅膀,如图 7-75 所示。

图 7-75 设置渐变填充

3 新建图层,使用【钢笔工具】 ✎ 绘制路径,转换为选区后,使用【渐变工具】 ▣ 进行填充,填充类型为【线性渐变】,如图 7-76 所示。

4 新建图层,使用【钢笔工具】 ✎ 绘制路径,转换为选区后,使用【渐变工具】 ▣ 进行填充,填充类型为【线性渐变】,如图 7-77 所示。

图 7-76 绘制路径并填充

图 7-77 绘制路径并填充

5 新建"高光"图层,在工具箱中单击【画笔工具】按钮 ✎ ,设置前景色为白色,画笔硬度为 100%,在画布中绘制高光,如图 7-78 所示。

图 7-78 绘制高光

提 示

在【图层】面板中,设置"高光"层的【不透明度】为 50%。

6 新建"大翅膀"图层，使用相同方法绘制路径后，使用【渐变工具】■，填充为【线性渐变】，如图 7-79 所示。

图 7-79 绘制并填充大翅膀

技 巧

也可以在【路径】面板中复制小翅膀的路径，使用【转换点工具】 和【直接选择工具】 ，调整路径，调整出大翅膀的路径。

7 新建图层，使用【钢笔工具】 绘制路径，转换为选区后，设置填充颜色为#DF430D。再使用【画笔工具】 ，在其边缘绘制橙色高光，如图 7-80 所示。

图 7-80 填充并绘制高光

提 示

绘制高光时，选择画笔为【柔边缘】，设置画笔的【不透明度】为 70%。

8 新建图层，绘制路径后，填充为渐变颜色。

在【图层】面板中，设置图层的【混合模式】为【滤色】，【不透明度】为 40%，如图 7-81 所示。

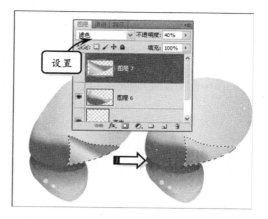

图 7-81 设置图层的混合模式

9 按相同的方法绘制路径，填充为渐变颜色后，添加高光，制作出蝴蝶大翅膀的高光部分，如图 7-82 所示。

图 7-82 绘制大翅膀的高光

提 示

在【图层】面板中，设置该【混合模式】为【正片叠底】，【不透明度】为 60%。

10 新建图层，绘制大翅膀的高光，填充为白色，设置图层的【不透明度】为 30%。为该图层添加蒙版，使用【画笔工具】 ，设置前景色为黑色，在高光区域进行涂抹，制作出透明效果，如图 7-83 所示。

图 7-83　制作高光透明效果

⑪　新建图层，使用【钢笔工具】　绘制出翅膀的纹理路径，转换为选区后，设置填充颜色为#8A0F0F。再为纹理添加紫色高光，设置图层的【混合模式】为【叠加】，如图 7-84 所示。

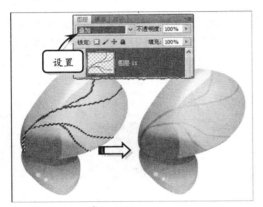

图 7-84　绘制翅膀的纹理

提　示

绘制大翅膀的高光，然后单击【图层】面板底部的【创建新组】按钮　，创建"右翅膀"组，将相应的图层拖入该组中，并复制该组，命名为"左翅膀"。

⑫　选择"左翅膀"图层组，执行【编辑】|【变换】|【水平翻转】命令，水平翻转图像，并将其放到合适的位置，如图 7-85 所示。

⑬　新建图层，使用【椭圆形选框工具】　结合 Shift 键绘制正圆。在工具箱中单击【渐变工具】　按钮，填充渐变颜色，如图 7-86 所示。

图 7-85　水平翻转图像

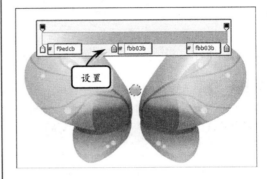

图 7-86　绘制正圆并填充

⑭　按相同的方法绘制蝴蝶身体的其他部分，绘制完成后，新建"身体"图层组，将身体部分的所有图层拖入该组中，如图 7-87 所示。

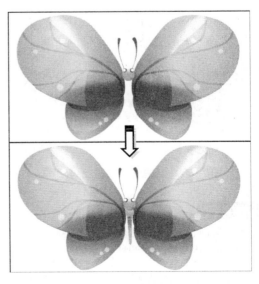

图 7-87　绘制蝴蝶的身体

提 示

选择除背景层以外的所有图层，按 Ctrl+Alt+Shift+E 快捷键盖印所选图层，命名为"蝴蝶"，并将所有图层组隐藏。

15 按 Ctrl+O 快捷键打开"背景"素材，将其拖入该文档的最底部。选择"蝴蝶"图层，按 Ctrl+T 快捷键将其等比例缩小，并进行逆时针旋转，将其放到合适的位置，如图 7-88 所示。

图 7-88 添加背景素材

16 复制蝴蝶图层，按相同的方法等比例缩小蝴蝶并调整方向，放到合适的位置，完成制作，如图 7-89 所示。

图 7-89 复制蝴蝶

7.8 思考与练习

一、填空题

1．钢笔工具组中包括【钢笔工具】、_____、【添加锚点工具】、【删除锚点工具】和_____。

2．使用【多边形工具】⬡最少能够绘制出_____边的图形。

3．按住_____键可以在【路径选择工具】和【直接选择工具】之间进行切换。

4．按_____键可以将路径直接转换为选区。

5．单击【路径】面板中的_____按钮，可以使用前景色为路径填充。

二、选择题

1．在 Photoshop 中，路径的实质是_____。

A．选区

B．矢量式的线条

C．填充和描边的工具

D．一个文件或文件夹所在的位置

2．在绘制路径的过程中，如果按_____键，则可以按 45 度角、水平或者垂直的方向绘制线条。

A．Ctrl   B．Alt

C．Shift   D．Enter

3．如果要显示或者隐藏路径，可以使用_____快捷键。

A．Alt+H   B．Shift+H

C．Ctrl+Shift+H   D．以上都不对

4．对路径进行自由变换，以下说法正确的是_____。

A．可以对路径进行放大、缩小操作

B．可以对路径进行变形

C．可以对路径进行扭曲

D．以上说法都正确

5．要选择特定的绘画工具进行描边，必须按住_____键单击【路径】面板底部的【用画笔描边路径】按钮 ，打开【描边路径】对话框。

  A．Alt   B．Ctrl

  C．Shift   D．Enter

三、问答题

1．使用【钢笔工具】绘制路径时，启用或者禁用【橡皮带】选项有何区别？

2．如何直接创建曲线路径？

3．如何绘制五角星？

4．如何才能够对路径进行变换操作？

5．如何对路径进行不同效果的描边？

四、上机练习

1．提取紫花图像

对边缘复杂的图像进行提取，最快的方法就是使用【钢笔工具】 。该工具不仅能够创建直线路径，还能够创建曲线路径，所以任何形状的图像都能够使用【钢笔工具】 进行边缘路径创建。这里在创建边缘路径时，还运用了【重叠路径区域外】运算功能 ，将主题内部的背景图像除外，如图 7-90 所示。

图 7-90 提取紫花图像

2．为路径描边

为路径描边不仅可以使用单纯的笔触形状，还可以使用不规则笔触形状。只要在进行描边之前，选择【画笔工具】 并在【画笔预设】选取器选择不规则笔触形状，就能够进行不规则笔触的路径描边，如图 7-91 所示。

图 7-91 为路径描边

第8章

文本应用

　　无论在何种视觉媒体中，文字和图片都是其两大构成要素。Photoshop 提供了强大的文字工具，它允许用户在图像背景上制作复杂的文字效果。在 Photoshop 中可以随意地输入文字、字母、数字或符号等，同时还可以对文字进行各种变换操作。

　　另外，在 Photoshop 中创建的文字是由基于矢量的文字轮廓组成的，任意的修改都不会损害文字的质量；且文字以独立图层的形式存放，对文字进行编辑就像处理普通图层一样方便、快捷。

　　本章通过介绍 Photoshop 中创建文本的各种功能和命令，来详细讲解创建和编辑文本、段落、创建路径文字及更改文字外观等操作方法。

本章学习要点：

➢ 创建文字
➢ 编辑文字
➢ 创建路径文字
➢ 更改文字外观
➢ 其他选项

8.1　创建文字

通过 Photoshop 显示的文字均是利用文本工具来实现的。文本工具分为 4 种，根据文字显示的不同，可以使用不同的文本工具。

8.1.1　横排文字与直排文字

横排文字和直排文字的创建方式相同。输入横排文字时，在工具箱中单击【横排文字工具】按钮 T，在画布中单击，当显示为闪烁的光标后，即可输入文字。在工具选项栏中可以设置文字属性，例如字体、大小、颜色等，如图 8-1 所示。

输入完成后，按 Ctrl+Enter 快捷键可退出文本输入状态。如果要输入竖排的文字，在工具箱中单击【直排文字工具】按钮 IT，在画布中单击，输入文字即可，如图 8-2 所示。

图 8-1　创建横排文字

> **提　示**
>
> 输入文本的颜色是由工具箱中的【前景色】决定的，可在输入之前设置好【前景色】颜色值，直接得到相应的文本颜色。

8.1.2　文字选区

使用工具箱中的【横排文字蒙版工具】

图 8-2　创建竖排文字

和【直排文字蒙版工具】可以创建文字型选区，它的创建方法和创建文字一样。

在文本工具组中，选择【横排文字蒙版工具】和【直排文字蒙版工具】能够创建文本选区，并且可以在选区中填充颜色，从而得到文本形状的图形，如图 8-3 所示。

图 8-3　创建文字选区

> **注　意**
>
> 当使用【横排文字蒙版工具】或者【直排文字蒙版工具】在画布中单击后，就会进入文本蒙版模式。输入文字后，按 Ctrl+Enter 快捷键将文字蒙版转换为文字选区。

得到文字选区后，除了能够填充颜色外，还可以像普通选区一样对文字选区进行渐变填充、描边、修改及调整边缘等操作，如图 8-4 所示。

8.2　编辑文字

当在画布上输入文字后，虽然可以在工具选项栏中简单的设置字体、大小和颜色，但具有限制性，在【字符】面板中，可以更全面地设置文本属性。

在文字排版中，当出现字数较多的文本时，可以创建文本框对其进行段落设置。段落是末尾带有回车符的任何范围的文字，使用【段落】面板，可以设置应用于整个段落的选项。

图 8-4　调整文字

8.2.1　【字符】面板

执行【窗口】|【字符】命令，可以打开【字符】面板。在该面板中可以对文字的属性进行详细设置，例如设置字体、字号、行距、缩放以及加粗等。

1. 设置字体系列与大小

无论是在文本工具选项栏中，还是在【字符】面板中，均能够设置文字的字体系列和大小。只要在相应的下拉列表中，选择某个选项，即可得到不同的文字效果，如图 8-5 所示。

图 8-5　设置文字大小、系列、颜色

2. 设置行距

在【字符】面板中，【设置行距】用来控制文字行之间的距离，可以设为【自动】或输入数值进行手动设置。若为【自动】，行距将会随字体大小的变化而自动调整。如果手动指定了行间距，在更改字号后一般也要再次指定行间距，如图 8-6 所示。

手动指定还可以单独控制部分文字的行距，选中一行文字后，在【设置行距】中输

入数值控制下一行与所选行的行距，如图 8-7 所示。

图 8-6　设置行间距

图 8-7　指定选中文字的行间距

3．设置文字缩放比例

【字符】面板中的【水平缩放】与【垂直缩放】用来改变文字的宽度与高度的比例，它相当于把文字进行伸展或收缩操作，如图 8-8 所示。

图 8-8　水平缩放与垂直缩放

4．设置字体样式

文字样式可以为字体增加加粗、倾斜、下划线、删除线、上标、下标等效果，如图 8-9 所示。即使字体本身不支持改变格式，在这里也可以强迫指定。

其中，【全部大写字母】TT 的作用是将文本中所有的小写字母都转换为大写字母，【小型大写字母】Tr 也是将所有的小写字母转为大写字母，但转换后的字母将参照原有小写字母的大小。

要想在画布中输入上标或下标效果的文字与数字，只要通过文本工具选中该文字，单击【字符】面板中的【上标】按钮 T¹ 或【下标】按钮 T₁ 即可，如图 8-10 所示。

图 8-9　加粗并添加下划线

$$A2+B2=C2 \qquad A^2+B^2=C^2$$

图 8-10　设置上标

5．设置基线偏移

【字符】面板中的【设置基线偏移】选项是用来控制文字与文字基线的距离的。通过设置不同的数值，可以准确定位所选文字的位置。若输入正值，则水平文字上移，直排文字右移；若输入负值，则水平文字下移，直排文字左移，如图 8-11 所示。

图 8-11　设置基线偏移

6. 改变文字方向

在输入文字时，可以决定其显示的方向，输入后也可以随时改变其方向。只要选中文本图层后，打开【字符】面板的关联菜单，选择【更改文本方向】命令即可，如图 8-12 所示。

图 8-12 改变文字方向

7. 设置消除锯齿的方法

【设置消除锯齿的方法】选项主要控制字体边缘是否带有羽化效果。一般情况下，如果字号较大的话，选择该选项为【平滑】，以得到光滑的边缘，这样文字看起来较为柔和；但是对于较小的字号来说，选择该选项为【平滑】，可能会造成阅读困难，这时可以选择该选项为【无】。

8.2.2 【段落】面板

在文字排版中，如果要编辑大量的文字内容，就需要更多针对段落文本方面的设置，以控制文字对齐方式、段落与段落之间的距离等内容。这时就需要创建文本框，并使用【段落】面板对文本框中大量的文本内容进行调整。

1. 创建文本框

使用任何一个文本工具都可以创建出段落文本，选择工具后直接在图像中单击并拖动鼠标，创建出一个文本框，然后在其中输入文字即可。文字延伸到文本框的边缘后将自动换行，拖动边框上的 8 个节点可以调整文本框大小。如果文本框过小而无法全部显示文字时，可以拖动控制节点调整文本框的大小，从而显示所有的文字，如图 8-13 所示。

图 8-13 创建文本框

> **提 示**
>
> 在这里将使用文字工具直接输入的文本叫点文本；在文本框输入的文本叫段落文本。执行【图层】|【文字】|【转换为点文本】命令或【图层】|【文字】|【转换为段落文本】命令可将点文本与段落文本互相转换。

2．设置段落文本的对齐方式

当出现大量文本时，最常用的就是使用文本的对齐方式进行排版。【段落】面板中的

【左对齐文本】▤、
【居中对齐文本】▤
和【右对齐文本】▤
是所有文字排版中三
种最基本的对齐方
式，它们是以文字宽
度为参照物使文本对
齐的，如图8-14所示。

图 8-14 设置文本对齐

【最后一行左对齐】▤、【最后一行居中对齐】▤和【最后一行右对齐】▤是以文本框的宽度为参照物使文本对齐的。【全部对齐】▤是所有文本行均按照文本框的宽度左右强迫对齐。

3．设置缩进

【左缩进】选项可以从边界框左边界开始缩进整个段落；【右缩进】选项可以从边界框右边界开始缩进整个段落。【首行缩进】选项与【左缩进】选项类似，只不过是【首行缩进】选项只左缩进第一行文字，如图8-15所示。

图 8-15 设置首行缩进

> **提 示**
>
> Photoshop 提供了两种【避头尾法则】设置，一种是【JIS 宽松】，一种是【JIS 严格】。【JIS 宽松】的避头尾设置忽略长元音字符和小平假名字符。通过对【避头尾法则】的设置，在缩放段落文本框时，文本的开头和结尾都会避免所规定的字符。

8.2.3 更改文字外观

在进行设计创作时，例如杂志设计、宣传册或平面广告，漂亮的文字外观能增加整个版面的美感。用户可以通过变形文字，将文本转换为路径和形状，以便对文字进行进一步编辑，做出更特殊美观的效果。

1．文字变形

输入文本后，单击文本工具选项栏中的【创建文字变形】按钮，在弹出的【变形文字】对话框中，能够进行 15 种不同的形状变形。选择的变形样式将作为文字图层的一个属性，可以随时更改图层的变形样式以更改变形文字的整体效果，如图8-16所示为其中 4 种变形效果。

> **注 意**
>
> 当文字图层中的文字执行了【仿粗体】T命令时，不能使用【创建文字变形】命令。

Photoshop CS5中文版图像处理标准教程

图 8-16 变形文字效果

2. 将文本转换为路径

文本图层中的文字要想在不改变文本属性的前提下改变其形状，只有通过【文字变形】命令。如果要在改变文字形状的同时，保留图形清晰度，则需要将文本转换为路径。

图 8-17 将文字转换为形状

选中文字图层，执行【图层】|【文字】|【转换为形状】命令，可将文字图层转换为形状图层，如图 8-17 所示。

这时，在矢量蒙版模式中，选择【直接选择工具】可改变文字形状如图 8-18 所示。

图 8-18 调整路径

> **提 示**
>
> 执行【图层】|【文字】|【创建工作路径】命令，可创建文字轮廓的路径。

8.3 文字绕路径

文字绕路径功能是将文字添加到路径中或路径上，创建出文字绕路径效果。运用该功能可以让文字与图像更加融合，同时也美化了整体画面。

8.3.1 路径排列的方法

文字可以依照开放或封闭的路径来排列，从而满足不同的排版需求。可以使用创建路径的工具绘制路径，然后沿着路径输入文字，并且可以根据需要更改文字的格式，也可以在路径内创建封闭的文字排版效果。

1．创建文字绕排路径

要创建文字绕路径排版的效果，首先要创建路径，然后选择【横排文字工具】 T，移动鼠标到路径上，当光标显示为 时，单击即可输入文字，如图 8-19 所示。

2．创建封闭的路径排版文字

选择【横排文字工具】 T，移动到路径内部，当光标显示为 时，单击即可输入文字，创建封闭的路径排版文字，如图 8-20 所示。

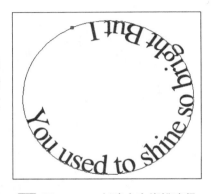

图 8-19　创建文字绕排路径

3．编辑路径排版文字

创建完成绕排文字后，可以使用【段落】面板对封闭路径内的绕排文字进行调整。由于创建的路径排版文本受文本内容的影响，文本一般不会密切地与路径结合在一起，此时单击【段落】面板中的【全部对齐】按钮 ，强迫文本内容填满路径，如图 8-21 所示。

8.3.2　调整路径

路径文本与文本框文本均能够调整文本显示的区域范围，只是前者更为灵活。路径文本不仅能够通过调整路径大小来控制文本显示范围，还可以通过调整路径上的控制点来控制文本显示的形状范围。

当路径内填充文本后，选择【直接选择工具】 。选中某个控制点后，进行移动或者改变控制点上的控制柄，使路径边缘变形，从而改变路径内部文字的显示效果，如图 8-22 所示。

图 8-20　创建封闭的路径排版文字

图 8-21　编辑路径排版文字

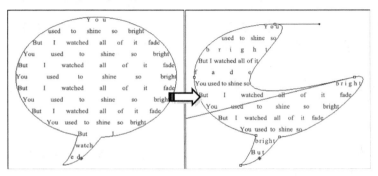

图 8-22　编辑形状路径

8.4 其他选项

在编辑文字的过程中，除了以上的选项设置外，还有其他的选项，比如【拼写与检查】命令、【查找与替换】命令以及【栅格化文字】命令等。通过这些命令，可以深刻学习文字的编辑，更加快速、方便地编辑文本。

8.4.1 拼写与检查

Photoshop 与字处理软件 Word 一样具有拼写检查的功能。该功能有助于在编辑大量文本时，对文本进行拼写检查。

首先选择文本，然后执行【编辑】|【拼写检查】命令，在弹出的对话框中进行设置，如图 8-23 所示。

> **提 示**
>
> Photoshop 检查到文档中有错误的单词时，错误单词就会在【不在词典中】文本框显示出来，并在【更改为】文本框显示建议替换的正确单词。如果文档中的单词全部正确，那么就不会弹出【拼写检查】对话框。

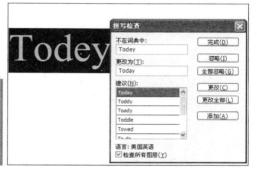

图 8-23 【拼写检查】对话框

8.4.2 查找与替换

【查找与替换】命令与也与 Word 类似。在确认选中文本图层的前提下，执行【编辑】|【查找和替换文本】命令，打开【查找和替换文本】对话框。在弹出的对话框中，输入要查找的内容以及要更改的内容。单击【查找下一个】按钮，然后单击【更改全部】按钮即可全部替换，如图 8-24 所示。

> **提 示**
>
> 如果要对图像中的所有文本图层进行查找和替换，可以在【查找和替换文本】对话框中启用【搜索所有图层】选项。

图 8-24 查找和替换文本

8.4.3 栅格化文字

在对文字执行滤镜或剪切命令时，Photoshop 会弹出一个提示对话框，文字必须栅格化才能继续编辑。

右击文本图层，选择【栅格化文字】命令，即可栅格化文字。栅格化的文字在【图层】面板中以普通图层的方式显示，如图8-25所示。

图 8-25　栅格化文字

8.5　课堂练习：杂志封面的设计

本例要制作一张杂志封面。该例中使用了【横排文字工具】 T 和【竖排文字工具】 T ，在使用文字作为装饰元素时，要注意文字的字体、大小、颜色等参数设置，因为这些都是影响整体效果的基础内容。封面的最终效果如图8-26所示。

图 8-26　最终效果

图 8-27　编辑主栏目的名称

操作步骤：

1 按 Ctrl+O 快捷键导入素材图片，选择工具箱中的【横排文字工具】 T ，在【字符】调板中选择合适的字体、字号和颜色，如图8-27所示，添加主栏目的名称。

2 选择工具箱中的【竖排文字工具】 T ，输入文字"时尚"，在【字符】面板中选择合适的字体、字号和颜色，单击【仿粗体】选项，如图8-28所示。

图 8-28　输入文字

3 双击"时尚"图层，弹出图层样式对话框，启用【描边】命令，设置大小为 2 像素，颜色为黑色，如图 8-29 所示。

图 8-29 设置描边

4 选择工具箱中的【横排文字工具】T，输入"¥"字符，字体为 Arial，字体样式为 Regular，大小为 36 点，颜色为#DF498E，然后输入"18"，大小为 72 点，颜色为黑色，如图 8-30 所示。

图 8-30 输入文字

5 选择工具箱中的【横排文字工具】T，输入 WORKAHOLIC SPOUSE，在【字符】面板中设置字体为 Adode Caslon Pro，字体样式为 Regular，大小为 40 点，单击【小型大写字母】选项，如图 8-31 所示。

图 8-31 设置字体

6 选择工具箱中的【横排文字工具】T，输入"娶了钟点爱人"，在【字符】面板中进行设置，如图 8-32 所示。

图 8-32 输入文字

7 继续使用【横排文字工具】T 在空白处输入部分内容的题目，在【字符】面板中设置文字的大小和颜色，如图 8-33 所示。

图 8-33 输入文字

8 拖入"条形码"素材，调整大小，最后使用
【横排文字工具】T输入杂志的期刊号，完
成最终效果，如图 8-34 所示。

图 8-34 拖入"条形码"

8.6 课堂练习：制作情人节宣传海报

本例制作情人节宣传海报，如图 8-35 所示。在制作的过程通过使用【钢笔工具】
绘制心形路径，转换为选区，再使用【渐变工具】进行颜色填充，然后使用【横排文
字工具】T进行文字添加，使用【图层样式】为文字添加效果，完成最终效果。

图 8-35 最终效果

操作步骤：

1 按 Ctrl+N 快捷键新建"情人节宣传海报"
文档，按 Ctrl+O 快捷键打开 "背景"素材
图片，将其拖至"情人节宣传海报"文档中，
如图 8-36 所示。

图 8-36 将素材拖至文档中

2 选择【钢笔工具】绘制心形路径，如图
8-37 所示。如果对绘制的效果不是很满意，
可以通过【直接选择工具】调整滑块完
善效果。

图 8-37 绘制路径

3 按 Ctrl+Enter 快捷键将路径转换为选区，按
Ctrl+Shift+N 快捷键新建"图层 2"，选择【渐
变工具】对选区进行渐变填充，如图
8-38 所示。

4 按 Ctrl+D 快捷键取消选区，按 Ctrl+J 复制
"图层 2"，得到"图层 2 副本"，然后执行
【滤镜】|【模糊】|【高斯模糊】命令，设置
【半径】为 4.0 像素，如图 8-39 所示。

图 8-38　渐变效果

图 8-39　执行【高斯模糊】命令

5　设置图层的【混合模式】为【线性加深】；
选择【横排文字工具】 T 在【字符】面板
中设置【字体系列】为【华文行楷】，【字体
大小】大小设置为 26 点，输入内容，如图
8-40 所示。

图 8-40　设置【混合模式】

6　执行【图层】|【图层样式】|【渐变叠加】
命令，设置参数，如图 8-41 所示。

7　启用【投影】命令，设置【混合模式】为【正
片叠底】，颜色为#7E177A，【不透明度】为
22%，【角度】为 120 度，【距离】为 6 像素，
【扩展】为 5%，【大小】为 17 像素，如图

8-42 所示。

图 8-41　设置【渐变叠加】

图 8-42　设置【投影】

8　选择【横排文字工具】 T，在空白处输入
英文内容，在【字符】面板中设置【字体大
小】和【字体间距】等参数，如图 8-43 所示。

图 8-43　输入字体

9 选择【横排文字工具】 T ，输入内容，在【字符】面板中设置【字体系列】为【华文行楷】，【字体大小】大小设置为9点，如图8-44所示。

图 8-44　输入内容

10 继续输入所需的文字信息，设置【字体大小】为12点，执行【图层】|【文字】|【文字变形】命令，设置参数，如图8-45所示。

11 选择"浪漫情人节"图层，右击"拷贝图层样式"，将拷贝的图层样式分别复制到别的文字信息上，将素材"小熊"拖入，调整大小，完成最终效果，如图8-46所示。

图 8-45　文字变形

图 8-46　复制图层样式

8.7　思考与练习

一、填空题

1．在完成文本的输入后，按＿＿＿＿＿快捷键可退出文本输入状态。

2．使用工具箱中的＿＿＿＿＿和＿＿＿＿＿，可以直接创建文字型选区。

3．在【字符】面板中，＿＿＿＿＿用来控制文字行之间的距离，可以设为【自动】或输入数值进行手动设置。

4．在【段落】面板中，＿＿＿＿＿选项可以从边界框左边界开始缩进整个段落；＿＿＿＿＿选项可以从边界框右边界开始缩进整个段落。

5．在【变形文字】对话框中，能够将文字进行＿＿＿＿＿种不同的形状变形。

二、选择题

1．在输入文字后，按住＿＿＿＿＿键并单击鼠标拖动文字，可以移动文字的位置。

  A．Ctrl   B．Shift

  C．Alt   D．Ctrl+Shift

2．从下列选项中，选出【居中对齐文本】按钮＿＿＿＿＿。

  A．▥   B．▤

  C．▥   D．▤

3．对文字执行滤镜或剪切等命令时，必须对文本执行＿＿＿＿＿命令。

  A．栅格化文字

  B．格式化

  C．转换为段落文本

  D．创建工作路径

4．下面对【横排文字蒙版工具】 T 描述错误的选项是＿＿＿＿＿。

  A．使用工具箱中的【横排文字蒙版工具】 T 和【直排文字蒙版工具】 T ，可以创建文字型选区，它的创建方法和创建文字一样

B. 在使用【横排文字蒙版工具】T 输入文字后，按 Ctrl+Enter 快捷键可以将文字蒙版转换为文字选区，然后填充颜色

C. 使用【横排文字蒙版工具】T 或【直排文字蒙版工具】 在当前图层中添加文字时，不会产生新的图层，而且文字是未填充任何颜色的选区

D. 使用【横排文字蒙版工具】T 或【直排文字蒙版工具】 在当前图层中添加文字时，产生新的图层，文字的填充颜色为前景色

5. 创建路径文本后，下面哪种工具可以用来调整路径的控制节点以改变路径的形状____。

A.【移动工具】

B.【直接选择工具】

C.【矩形选框工具】

D.【自定义形状工具】

三、问答题

1. 简述怎样在文档中创建段落文本。

2. 如何直接创建文字选区？

3. 如何将文字转换为形状路径？

4. 路径文字包括几种情况？分别如何创建？

5. 如何查找和替换文本？

四、上机练习

1. 创建变形文字

变形文字效果比普通的文字更能吸引人的眼球，在 Photoshop 中新建空白文档，导入背景素材。在工具箱中选择【横排文字工具】T 输入"幸福像花儿一样"文本，在【字符】面板中设置字体样式，如图 8-47 所示。

图 8-47 创建文本

选择"幸福"文本，打开【变形文字】对话框，在样式下拉列表中选择【膨胀】。设置【弯曲】为 100%，【水平扭曲】为 80%，【垂直扭曲】为 −80%，如图 8-48 所示。

图 8-48 设置【膨胀】参数

按相同的方法选择"像花儿一样"文本，打开【变形文字】对话框，在【样式】下拉列表中选择【花冠】。启用【水平】单选按钮，设置【弯曲】为 100%，【垂直扭曲】为−27%，如图 8-49 所示，这样完成变形文字效果的制作。

图 8-49 设置【花冠】参数

2. 创建路径文字

路径文字效果是将文字沿绘制好的路径进行排版，要创建路径文字，首先绘制一个路径，可以使用【自定形状工具】 绘制形状，也可以使用【钢笔工具】 绘制形状路径，如图 8-50 所示，使用【自定形状工具】 绘制一个兔子形状路径。

图 8-51 所示。

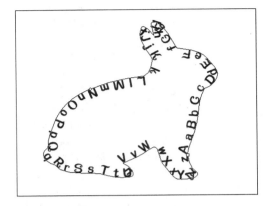

图 8-50　绘制路径

在工具箱中选择【横排文字工具】 **T**.，在路径边缘单击输入文本，即可形成路径文字，如

图 8-51　创建路径文字

第9章

色调简单调整

　　图像色调调整是对图像明暗关系以及整体色调的调整。无论是平面作品还是日常生活照片，均需要调整图像的明暗关系或是将原来图像中的色调更改为另外一种色调，比如将蓝色调更改为绿色调体现生机勃勃的气势。

　　在该章节中，主要介绍明暗关系的调整命令、基本色调的调整命令以及整体色调的转换命令等，从而掌握改变图像整体色调的操作方法。

本章学习要点：

➢ 明暗关系调整
➢ 基本色调调整
➢ 整体色调转换

当遇到色调灰暗或者是层次不分明的图像时，就可以利用颜色调整命令中的【亮度/对比度】、【阴影/高光】和【曝光度】命令中的任何一个来调整图像的明暗关系。图像的明度提高了，颜色的饱和度就会增加，颜色就鲜艳；反之图像的明度降低，颜色的饱和度就会减少，颜色就显得灰暗。

9.1.1　【亮度/对比度】命令

该命令是对图像的色调范围进行调整最简单方法，主要用于调节整幅图像的亮度对比度。对于对比度不太明显的图像非常有效，但不适合对图像进行精确色调调整。该命令将调整明暗区域的反差，使图像看起来更加细腻和真实，可以一次性调整图像中的所有像素。

图 9-1　调整亮度与对比度

执行【图像】|【调整】|【亮度/对比度】命令，打开【亮度/对比度】对话框。拖动对话框中的三角形滑块，调整图像的亮度或者对比度。向左拖动时，图像亮度和对比度降低；向右拖动时，亮度和对比度增加；调整合适后，单击【确定】按钮，如图 9-1 所示。

> **提　示**
>
> 在该对话框中禁用【使用旧版】选项，【亮度】值设置范围为-150~150，【对比度】值设置范围为-50~100；当启用该选项时，【亮度】值设置范围为-100~100，【对比度】值设置范围为-100~100。

图 9-2　带阴影图像

9.1.2　【阴影/高光】命令

要是逆光观察事物，就会发现看到的事物发暗，与左侧的景象形成强烈的对比，如图 9-2 所示。【阴影/高光】命令可以使阴影区域变亮。

图 9-3　打开【阴影/高光】对话框

【阴影/高光】命令适用于校正由强逆光而形成剪影的照片，或者校正由于太接近相机闪光灯而有些发白的焦点。执行【图像】|【调整】|【阴影/高光】命令，打开对话框即可发现图像阴影区域变亮，如图 9-3 所示。

【阴影/高光】命令不是简单地使图像变亮或变暗,它基于阴影或高光中的周围像素(局部相邻像素)增亮或变暗。正因为如此,阴影和高光都有各自的控制选项。当启用【显示更多选项】选项后,对话框中的选项发生变化,如图 9-4 所示。

图 9-4　启用【显示更多选项】选项

1. 数量

无论是简化版还是完整版对话框,【数量】参数都在其中。【阴影】选项组中的【数量】参数值越大,图像中的阴影区域越亮;而【高光】选项组中的【数量】参数值越大,图像中的高光区域越暗,如图 9-5 所示。

2. 色调宽度

【色调宽度】参数用来控制阴影或者高光中色调的修改范围。较小的值会限制只对较暗区域进行阴影校正的调整,并且只对较亮区域进行"高光"校正的调整。较大的值会增大将进一步调整为中间调的色调的范围。图 9-6 出示了设置【阴影】选项组中的【色调宽度】参数值为 100%后,提亮范围扩大至中间色调。

图 9-5　图像高光区域

3. 半径

【半径】参数是用来控制每个像素周围的局部相邻像素的大小。相邻像素用于确定像素是在阴影还是在高光中。向左移动滑块会指定较小的区域,向右移动滑块会指定较大的区域。图 9-7 出示了当【高光】选项组中的【数量】参数值为 50%时,【半径】参数值分别为 0 像素或者 2500 像素得到的对比效果。

图 9-6　扩大提亮范围

4．颜色校正

颜色校正是在图像的已更改区域
中微调颜色，此调整仅适用于彩色图
像。例如，通过增大阴影【数量】滑块
的设置，可以将原图像中较暗的颜色显
示出来。这时可以希望这些颜色更鲜
艳，而图像中阴影以外的颜色保持不
变，如图 9-8 所示。

图 9-7　不同【半径】参数值

5．中间调对比度

【中间调对比度】参数是调整中间
调中的对比度。向左移动滑块会降低对
比度，向右移动会增加对比度。图 9-9
出示了【中间调对比度】参数最小值与
最大值的对比效果。

图 9-8　调整阴影颜色饱和度

6．修剪黑色和修剪白色

【修剪黑色】与【修剪白色】参数
是指定在图像中会将多少阴影和高光
剪切到新的极端阴影（色阶为 0）和高
光（色阶为 255）颜色。百分比数值越
大，生成的图像的对比度越大，如图
9-10 所示。

图 9-9　调整对比度

图 9-10　设置【修剪黑色】参数值

注 意

在设置过程中不要使剪贴值太大，因为这样做会减小阴影或者高光的细节。（强度值会被作为纯黑或
纯白色剪切并渲染）

7．存储

在所有参数设置完成后，要想将这些参数替换该命令原来的默认参数，可以在对话
框底部单击【存储为默认值】按钮存储当前设置，并且使它们成为【阴影/高光】命令的
默认设置。如果要还原原来的默认设置，可以在按住 Shift 键的同时单击【存储为默认值】

按钮。

在该对话框中【存储为默认值】按钮与【存储】和【载入】按钮作用不同，前者是更改该命令的默认设置，后者是将设置的参数值保存下来，以方便重复使用。方法同样是在设置好所有参数后，单击【存储】按钮，将其保存为后缀名是SHH的文件。然后就可以在以后的编辑中，打开【阴影/高光】对话框，直接单击【载入】按钮，即可将选择的保存文件载入该对话框中使用，如图9-11所示。

图 9-11　保存与载入参数值

9.1.3　【曝光度】命令

要使图像局部变亮，【曝光度】是一个很好的命令。执行【图像】|【调整】|【曝光度】命令，打开【曝光度】对话框，如图9-12所示，图像没有任何变化。

图 9-12　【曝光度】对话框

提 示

【曝光度】对话框中包括的选项有曝光度、位移与灰度系数等。其中的【预览】、【存储】与【载入】功能与其他颜色调整命令中的相同。

1．曝光度

【曝光度】参数是调整色调范围的高光端，对极限阴影的影响很轻微。在默认情况下，该选项的数值为 0.00，数值范围为–20.00～+20.00。当滑块向左移动时，图像逐渐变黑；当滑块向右移动时，高光区域中的图像越来越亮。图9-13出示了【曝光度】参数值为正数的效果。

图 9-13　设置【曝光度】参数

移动【曝光度】滑块时，在一定范围内，对最暗区域的图像没有影响，只有超过这个范围，特别是当数值为正数时，才会受其影响。

图 9-14 设置【位移】参数

2. 位移

【位移】参数也就是偏移量，可以使阴影和中间调变暗，对高光的影响很轻微。在默认情况下，该选项的数值为 0.0000，数值范围为 −0.50000～+0.50000。如图 9-14 所示为负数的效果，发现图像中间调变暗。

当【位移】滑块向左移动时，除了高亮区域外，其他图像逐渐变黑；当滑块向右移动时，图像就像蒙上一层白纱。

图 9-15 设置【灰度系数校正】参数

3. 灰度系数校正

【灰度系数校正】参数是使用简单的乘方函数调整图像灰度系数。在默认情况下，该选项的数值为 1.00，数值范围为 9.99～0.10。当滑块向右移动时，图像蒙上一层白纱效果，最亮区域颜色也发生变化，如图 9-15 所示。【位移】参数保持图像颜色不变，而【灰度系数校正】参数则更改了高亮区域的图像颜色。

4. 吸管工具

图 9-16 设置白场

在【曝光度】对话框中，有三个吸管工具，分别为【设置白场】吸管工具、【设置灰场】吸管工具与【设置黑场】吸管工具。使用这三个吸管工具，可以在不设置参数情况下调整图像明暗关系。

在默认情况下，【设置白场】吸管工具处于被启用状态。该吸管工具将设置【曝光度】，同时将单击的点改变为白色，如图 9-16 所示。

【设置灰场】吸管工具也可以设置【曝光度】选项，同时将单击所选的值变为中度灰色。图 9-17 出示了启用该吸管工具单击不同的点得到的对比效果。

【设置黑场】吸管工具将设置【位移】参数，同时将单击的像素改变为零。图 9-18

出示了启用该吸管工具单击不同的点得到的对比效果。

图 9-17 设置灰场

图 9-18 设置黑场

9.2 简单颜色调整

在 Photoshop 中,有些颜色调整命令不需要复杂的参数设置,有的甚至没有对话框也可以更改图像颜色。

● 9.2.1 彩色图像变黑白图像

在 Photoshop 中,彩色图像变黑白图像的方法很多,而彩色图像变成黑白图像后,其效果也可以各不相同。如图 9-19 所示为原图像显示。

1. 彩色与灰色

【去色】命令是将彩色图像转换为灰度图像,但图像的颜色模式保持不变。例如 RGB 图像中的每个像素指定相等的红色、绿色和蓝色值,并且每个像素的明度值不改变。如图 9-20 所示,就是执行【图像】|【调整】|【去色】命令(快捷键 Shift+Ctrl+U)后得到的灰色图像效果显示。

图 9-19 彩色图像显示

> **技 巧**
>
> 虽然【去色】命令没有对话框,但可以结合选区使图像局部降低饱和度,形成鲜明的对比效果,只要在执行该命令之前创建选区即可。

2. 彩色与黑白

图 9-20 降低饱和度

【阈值】命令是将灰度或者彩色图像转换为高对比度的黑白图像,其效果可用来制作漫画或版刻画。如图 9-21 所示,就是执行默认【阈值】命令后得到的效果显示。

提 示

阈值是将图像转化为黑白 2 色图像，可以指定阈值为 1～255 亮度中的任意一级。所有比阈值亮的像素转换为白色；而所有比阈值暗的像素转换为黑色。

3.【黑白】命令

【黑白】命令可以将彩色图像转换为灰度图像，同时保持对各颜色转换方式的完全控制，也可以通过对图像应用色调来为灰度着色。执行【图像】|【调整】|【黑白】命令（快捷键 Ctrl+Shift+Alt+B），弹出【黑白】对话框，如图 9-22 所示。

图 9-21　默认阈值效果

❑ 预设

【预设】选项是选择预定义的灰度混合或以前存储的混合。在默认情况下，该选项为【无】，效果与【去色】命令相同。如果选择该选项下拉列表中的【最白】或者【最黑】选项，效果就会有所不同，如图 9-23 所示。

图 9-22　【黑白】对话框　　　　图 9-23　不同预设选项效果

❑ 颜色滑块

颜色滑块是调整图像中特定颜色的灰色调。将滑块向左拖动或向右拖动分别可使图像原色的灰色调变暗或变亮。打开【黑白】对话框后，向右拖动某个颜色滑块，图像变亮，如图 9-24 所示，而【预设】选项显示为【自定】选项。

注 意

在【黑白】对话框中包括 6 种颜色的颜色滑块，拖动与图像相同颜色的滑块时，图像发生明显变化；拖动图像中没有的颜色滑块时，图像变化不明显。

图 9-24　拖动颜色滑块

□ 色调

【黑白】命令除了可以将彩色图像转换为灰色图像外，还可以为灰色图像添加单色调。方法是在【黑白】对话框中启用【色调】选项，即可为图像添加某一种色调，如图 9-25 所示。

在该选项中，还可以通过向右拖动【饱和度】滑块来增加图像色调中的饱和度，使色彩更加鲜艳，如图 9-26 所示。

如果对默认颜色不满意，可以通过拖动【色相】滑块选择任一一种色相作为图像的色调，如图 9-27 所示。改变图像色调还可以通过单击右侧的色块，打开【选择目标颜色】拾色器，在其中选择颜色。

图 9-25　设置单色调图像

9.2.2　简单操作成像

在简单的颜色调整命令中，除了彩色转换为黑白图像命令外，还有将图像颜色反相、均化色调以及分离色调等命令。

【反相】命令是用来反转图像中的颜色。在对图像进行反相时，通道中每个像素的亮度值都会转换为 256 级颜色值刻度上相反的值。例如值为 255 的正片图像中的像素会被转换为 0，值为 5 的像素会被转换为 250。如图 9-28 所示的就是执行【反相】命令后得到的颜色效果显示。

图 9-26　增加饱和度

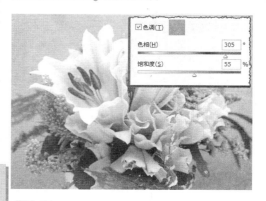

图 9-27　改变图像色调

提　示

反相就是将图像中的色彩转换为反转色，比如白色转为黑色，红色转为青色，蓝色转为黄色等。效果类似于普通彩色胶卷冲印后的底片效果。

【色调均化】命令是按照灰度重新分布亮度，将图像中最亮的部分提升为白色，最暗部分降低为黑色。如图 9-29 所示的就是执行【色调均化】命令得到的效果显示。

在图像中创建选区后也可以执行【色调均化】命令，但是会弹出一个【色调均化】对话框。在对话框中启用【仅色调均化所选区域】选项，效果如图 9-30 左图所示；启用【基

图 9-28　将颜色反相

于所选区域色调均化整个图像】选项，效果如图 9-30 右图所示。

【色调分离】命令可以指定图像中每个通道的色调级或者亮度值的数目，然后将像素映射为最接近的匹配级别。如图 9-31 所示为执行默认【色调分离】命令得到的效果显示。

在大面积的单调区域中，执行此命令非常有用。最小数值为 2 时合并所有亮度到暗调和高光两部分，如图 9-32 左图所示；当数值为 255 时相当于没有效果。根据图像颜色的不同，效果也不同。如图 9-32 的右图所示，参数值为 15 时，就可以看到细微的变化。

图 9-29　执行【色调均化】命令

图 9-30　启用不同选项得到的效果对比

图 9-31　执行【色调分离】命令

图 9-32　设置不同【色阶】数值的对比效果

9.3　整体色调转换

在处理图像过程中，会遇到将图像色调转换为另外一种色调的操作。其中通过一步操作就可以完成的命令包括【照片滤镜】、【渐变映射】以及【匹配颜色】命令。Photoshop CS5 中新增的【HDR 色调】命令是包含明暗关系、色相饱和等选项的综合性色彩调整命令。

9.3.1　【照片滤镜】命令

【照片滤镜】命令是通过模拟相机镜头前滤镜的效果来进行色彩调整的，该命令还允许选择预设的颜色，以便向图像应用色相调整。

在【照片滤镜】对话框中，有预设的滤镜颜色，它能快速地使照片达到某种效果，

其中包括【加温滤镜】、【冷却滤镜】以及【个别颜色】等选项，如图 9-33 所示。

图 9-33 设置【照片滤镜】

【浓度】选项用来调整应用于图像的颜色数量。浓度越高，图像颜色调整幅度就越大，反之颜色调整幅度就越小，如图 9-34 所示。

图 9-34 设置【浓度】选项

通过添加颜色滤镜可以使图像变暗，为了保持图像原有的明暗关系，必须启用【保留亮度】选项，如图 9-35 所示。

图 9-35 启用与禁用【保留明度】选项

9.3.2 【渐变映射】命令

【渐变映射】命令可以将相等的图像灰度范围映射到指定的渐变填充色，指定双色渐变填充是将图像中的阴影映射到渐变填充的一个端点颜色，高光映射到另一个端点颜色，而中间调映射到两个端点颜色之间的渐变，从而达到对图像的特殊调整效果，如图 9-36 所示。

图 9-36　渐变映射效果

在默认情况下，【渐变映射】对话框中的【灰度映射所用的渐变】选项显示的是前景色与背景色，并且设置前景色为阴影映射，背景色为高光映射。两色以上的渐变映射可以使图像的色调变得更加丰富、自然，如图 9-37 所示。

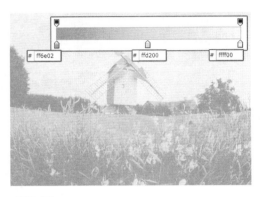

在【渐变选项】中包含【仿色】与【反向】两个选项。【仿色】用于添加随机杂色以平滑渐变填充的外观并减少带宽效应，其效果不明显；【反向】用于切换渐变填充的方向，从而反向渐变映射，效果如图 9-38 所示。

图 9-37　多色渐变映射

提　示

> 颜色的明度范围是 0～100，渐变也是 0～100，可以将渐变上的色点不改变明度，而改变色相和饱和度，由此可以得到不同明度的渐变映射。

图 9-38　仿色与反向

9.3.3 【匹配颜色】命令

【匹配颜色】命令用来匹配不同图像之间、多个图层之间或者多个颜色选区之间的颜色。它还允许通过更改亮度和色彩范围以及中和色痕来调整图像中的颜色。首先要准备两个不同色调的图像，如图 9-39 所示。

图 9-39　不同色调图像

1. 异文档匹配

匹配不同图像中颜色的前提是必须打开两幅图像文档，然后选中想要更改颜色的图像文档，在对话框的【源】下拉列表中选择另一幅图像文档。结束后【目标】图像的色调会更改为【源】图像中的色调，如图 9-40 所示。

【中和】选项可以用来自动移去目标图像中的色痕，在选择【源】图像文件后，启用该选项，目标图像的颜色与源图像的颜色相中和，如图 9-41 所示。

还可以通过【明亮度】、【颜色强度】与【渐隐】选项来改变匹配颜色后的效果。其中【明亮度】选项用来增加或者减小目标图像的亮度；【颜色强度】选项用来调整目标图像的色彩饱和度；【渐隐】选项用来控制应用于图像的调整量，如图 9-42 所示。

图 9-40 不同文档匹配

图 9-41 启用【中和】选项

图 9-42 设置不同图像选项

2. 选区匹配

当源图像中存在选区时，【匹配颜色】对话框中的【使用源选区计算颜色】选项可用。启用该选项后，目标图像会更改为源图像选区中的色调，如图 9-43 所示。

图 9-43 启用【使用源选区计算颜色】选项

启用【使用目标选区计算调整】选项，可以不通过另外一幅图像更改图像色调。在禁用【应用调整时忽略选区】选项的情况下，只更改选区中的色调；反之更改整幅图像的色调。

3．同文档匹配

在没有选区的情况下，如果目标图像文档中包括两个或者两个以上图层，同样不需要第二个图像文件。这时只要在【图层】列表中选择目标图像文件中的另外一个图层即可。

9.3.4 【HDR 色调】命令

【HDR 色调】命令可将全范围的 HDR 对比度和曝光度设置应用于各个图像。也就是说，Photoshop CS5 新增的【HDR 色调】命令可用来修补太亮或太暗的图像，制作出高动态范围的图像效果。执行【图像】|【调整】|【HDR 色调】命令，弹出【HDR 色调】对话框，如图 9-44 所示。

图 9-44 【HDR 色调】对话框

1．预设效果

选中一幅图像文档并执行【图像】|【调整】|【HDR 色调】命令，弹出【HDR 色调】对话框后，默认情况下图像就会进行明暗关系的调整，如图 9-45 所示。

在【HDR 色调】对话框的【预设】列表中，

图 9-45 默认调整效果

除了【默认值】与【自定】选项外，还包括 13 个选项，通过选择这些选项能够直接得到想要的调整效果，如图 9-46 所示为部分预设效果。

单色高对比度

更加饱和

逼真照片高对比度

饱和

超现实高对比度

超现实

图 9-46 部分预设效果

2．边缘光

【边缘光】选项组中的【半径】选项是用来指定局部亮度区域的大小，参数值范围为 1～500 像素。【强度】选项是用来指定两个像素的色调值相差多大时它们属于不同的亮度区域，参数值范围为 0.10～4.00。同时设置这两个选项参数值，能够调整整幅画面的细节亮度，如图 9-47 所示。

图 9-47 调整画面的细节亮度

3．色调和细节

【色调和细节】选项组中的【灰度系数】选项设置为 1.0 时动态范围最大；较低的设置会加重中间调，而较高的设置会加重高光和阴影。【曝光度】选项参数值反映光圈大小。拖动【细节】滑块可以调整锐化程度，拖动【阴影】和【高光】滑块可以使这些区域变亮或变暗，如图 9-48 所示。

图 9-48 设置不同【色调和细节】选项的效果

4．颜色

【颜色】选项组中的【自然饱和度】
选项可调整细微颜色强度，同时尽量不
剪切高度饱和的颜色。而【饱和度】选
项则调整从－100（单色）到+100（双
饱和度）的所有颜色的强度，如图 9-49
所示。

图 9-49　不同【颜色】选项效果

5．色调曲线和直方图

【色调曲线和直方图】选项
在直方图上显示一条可调整的
曲线，从而显示原始的 32 位
HDR 图像中的明亮度值。横轴
的红色刻度线以一个 EV（约为
一级光圈）为增量。调整该直线
为曲线，能够改变图像的明暗关
系，如图 9-50 所示。

图 9-50　调整色调曲线效果

> **注　意**
>
> 默认情况下，【色调曲线和直方图】选项可以从点到点限制所做的更改并进行色调均化。要移去该限
> 制并应用更大的调整，在曲线上插入点之后选择【边角】选项。在插入并移动第二个点时，曲线会
> 变为尖角。

6．多图层效果调整

【HDR 色调】命令不仅能针对单幅图像进行明暗关系、细节亮度、色彩饱和度等效
果的调整，还能将同一幅图像的不同色调调整为正常色调，并且将其合并为一幅图像。

方法是将不同色调的图像放置在同一个文档中，这些图像内容相同但是色调不同，
有些明度过低，有些明度过高等，如图 9-51 所示。

图 9-51　不同色调的图像

这时，选中【图层】面板中最上方的图像，执行【图像】|【调整】|【HDR 色调】

命令，弹出【脚本警告】对话框，提醒执行该命令会将文档中的图像合并，如图 9-52 所示。单击【是】按钮后，弹出【HDR 色调】对话框，这时图像会显示默认值效果。

在该对话框中，重新调整【边缘光】、【色调和细节】等选项组中的选项，即可得到色彩丰富、色调明亮的效果，如图 9-53 所示。单击【确定】按钮后，不仅得到正常的图像色调，还将多幅图像合并为一幅图像。

图 9-52　弹出【脚本警告】对话框　　　图 9-53　合并并调整图像

9.4　课堂练习：制作颓废的黑白照片

本例将要制作颓废的照片。本练习使用了【曲线】和【亮度/对比度】命令，将照片的高光调出来，并结合【色彩范围】命令选择颜色的范围，利用【画笔工具】✏为照片添加喷溅效果，如图 9-54 所示。

图 9-54　最终效果

操作步骤：

1　打开素材图片，按 Ctrl+J 快捷键将背景图层复制并命名为"图层 1"，如图 9-55 所示。

图 9-55　复制背景图层

2　选择"图层 1"，执行【图像】|【调整】|【去色】命令，将色彩图像转换为灰色图像，如图 9-56 所示。

图 9-56 执行【去色】命令

图 9-58 调整【亮度/对比度】命令

3 执行【图像】|【调整】|【曲线】命令，调整
【输出】为 239，【输入】为 175，如图 9-57
所示。

图 9-57 调整【曲线】命令

图 9-59 设置【色彩范围】命令

4 执行【图像】|【调整】|【亮度/对比度】命
令，设置【亮度】为-66，【对比度】为 66，
如图 9-58 所示。

5 执行【选择】|【色彩范围】命令，用取样颜
色在人物脸上点选颜色，设置【颜色容差】
为 170，如图 9-59 所示。

6 执行完【色彩范围】命令后，会得到一个选
区，按 Ctrl+Shift+N 快捷键，新建"图层 2"，
按 Ctrl+Delete 快捷键进行填充，填充颜色为
黑色，如图 9-60 所示。

图 9-60 填充颜色

7 隐藏 "图层 1" 和背景图层, 然后按 Ctrl+Shift+N 快捷键, 新建 "图层 3", 按 Ctrl+Delete 快捷键进行填充, 填充颜色为白色, 将其移动到 "图层 2" 的下面, 如图 9-61 所示。

图 9-61 移动效果

8 选择【横排文字工具】 T, 在工具选项栏中选择合适的字体、字体大小和颜色, 输入所需的内容, 如图 9-62 所示。

图 9-62 输入文字

9 执行【图层】|【图层样式】|【投影】命令, 设置【角度】为 30 度,【距离】为 12 像素,【大小】为 10 像素, 如图 9-63 所示。

10 启用【颜色叠加】命令, 设置【混合模式】为【正常】, 颜色为#525252,【不透明度】为 100%, 然后按 Ctrl+T 快捷键对文字进行旋转, 如图 9-64 所示。

图 9-63 设置【投影】命令

图 9-64 设置【颜色叠加】命令

11 按 Ctrl+Shift+N 快捷键新建 "图层 4", 选择【画笔工具】 调整画笔大小, 在 "图层 4" 上绘制出刷粒的特效, 完成最终效果, 如图 9-65 所示。

图 9-65 绘制刷粒特效

本例通过使用 Photoshop CS5 新增功能【HDR 色调】将多张照片合成在一起，利用欠曝的照片将高光中的图像细节完全保留，又利用过曝的照片将阴影中的细节完全保留，恢复照片正常的色调，如图 9-66 所示。

图 9-66 最终效果

操作步骤：

1 打开两张素材照片，将"照片 1"拖入"照片"的文档中命名为"图层 1"，如图 9-67 所示。

图 9-67 打开两张照片

2 执行【图像】|【调整】|【HDR 色调】命令，弹出【脚本警告】对话框，如图 9-68 所示。单击【是】按钮，接着会弹出【HDR 色调】对话框。

3 在【HDR 色调】对话框中，设置【边缘光】选项栏中的【半径】为 11 像素，【强度】为 1.4，如图 9-69 所示。

图 9-68 合并文档

图 9-69 设置边缘光

4 设置【色调和细节】选项组中的【灰度系数】为 0.85，【曝光度】为 1.15，【细节】为 66%，【阴影】为 30%，【高光】为 20%，如图 9-70 所示。

图 9-70　设置色调和细节

图 9-71　设置颜色

5 设置【颜色】选项组中的【自然饱和度】为 26%，【饱和度】为 33%，如图 9-71 所示。

6 最后在【色调曲线和直方图】选项中设置【输入】为 62%，【输出】为 66%，调整照片的整体色调，得到最终效果，如图 9-72 所示。

图 9-72　调整色调曲线和直方图

9.6　思考与练习

一、填空题

1. 既可以单独改善图像阴影区域的亮度，也可以增加该区域的颜色饱和度是【＿＿＿＿＿】命令。

2.【＿＿＿＿＿】命令既可以将彩色图像转换为灰色图像，也可以转换为单色调图像。

3. 要使图像局部变亮，【＿＿＿＿＿】是一个很好的命令。

4.【＿＿＿＿＿】命令能够将图像的色阶进行明显区分。

5.【＿＿＿＿＿】命令可将全范围的 HDR 对比度和曝光度设置应用于各个图像。

二、选择题

1. 下面的＿＿＿＿＿命令能够单独调整图像的阴影区域。

  A.【亮度/对比度】

  B.【阴影/高光】

  C.【曝光度】

  D.【黑白】

2. 下面的＿＿＿＿＿命令不能够将彩色图像转换为黑白图像。

  A.【黑白】

  B.【反相】

  C.【去色】

  D.【阈值】

3.【反相】命令的快捷键是＿＿＿＿＿。

  A.　Shift+I

  B.　Ctrl+Alt+I

  C.　Ctrl+Shift+I

  D.　Ctrl+I

4. 下面的＿＿＿＿＿命令是通过模拟相机镜头前滤镜的效果来进行色彩调整的。

A.【照片滤镜】

B.【渐变映射】

C.【匹配颜色】

D.【HDR 色调】

5. 下面的_____命令不能够调整图像的饱和度。

A.【阴影/高光】

B.【匹配颜色】

C.【亮度/对比度】

D.【HDR 色调】

三、问答题

1. 什么命令能够将图像中的阴影区域显示出细节？

2.【黑白】命令在彩色图像转换为灰色图像时有哪些优势？

3.【照片滤镜】命令中的【保留亮度】选项有何作用？

4. 简要说明【匹配颜色】命令的使用方法。

5. 简要说明【HDR 色调】命令与其他调色命令的区别。

四、上机练习

1. 重现阴影区域中的图像效果

当图像中的局部细节隐藏在阴影区域且无法显示时，可以通过【阴影/高光】命令将阴影区域中的细节重现。为了使重现后的效果更加清晰，这里不仅设置了【阴影】与【高光】选项组中的【数量】参数值，还设置了这两个选项组中的【色调宽度】参数值，使得调整后的阴影与高光的对比效果更加和谐，如图 9-73 所示。

图 9-73 重现阴影区域中的图像效果

2. 合并并调整多幅图像

对于内容相同而色调不同的图像来说，要想将其调整为正常色调，最简单的方法就是将这两幅图像放置在同一文档中，然后执行【图像】|【调整】|【HDR 色调】命令，将其合并为一幅图像后，在【HDR 色调】对话框中调整相关选项，从而得到一幅色调丰富的图像，如图 9-74 所示。

图 9-74 合并并调整多幅图像

第 10 章

色彩高级调整

在 Photoshop 图像色彩调整过程中，彩色图像是一个复杂的色彩组合。彩色图像既是通过明度、色相与饱和度等要素组成，也是通过通道色彩组合而成。所以彩色图像除了能够进行简单的明暗关系、色调改变等操作外，还能够根据不同的图像信息使用相应的颜色校正命令，可以精确地增强、修复和校正图像中的颜色效果。例如根据色彩三要素更改图像颜色，利用通道调整图像色调或者改变图像中的个别颜色等。

在该章节中，主要介绍以色相、饱和度、通道颜色以及单个颜色为基准的颜色调整命令，从而掌握更加复杂的图像色彩调整操作。

本章学习要点：

➢ 色相/饱和度
➢ 色阶
➢ 曲线
➢ 色彩平衡

任何一种色彩都有它特定的明度、色相和纯度，把明度、色相、纯度称为色彩的三要素。在 Photoshop 中有两个命令是专门调整图像颜色三要素的，那就是【色相/饱和度】与【替换颜色】命令。

10.1.1　【色相/饱和度】命令

【色相与饱和度】命令可以调整图像中特定颜色分量的色相、饱和度和亮度，根据颜色的色相和饱和度来调整图像的颜色。这种调整应用于特定范围的颜色或对色谱上的所有颜色产生相同的影响。执行【图像】|【调整】|【色相/饱和度】命令，弹出【色相/饱和度】对话框，如图 10-1 所示。

○ **图 10-1**　【色相/饱和度】对话框

1．参数设置

在【色相/饱和度】对话框中，【色相】、【饱和度】、【明度】三个参数设置选项依据色彩三要素原理来调整图像的颜色。

【色相】选项用来更改图像色相，在参数栏中输入参数或拖动滑块可以改变图像的颜色信息外观，如图 10-2 所示。

○ **图 10-2**　改变色相

【饱和度】选项控制图像彩色显示程度，在参数栏中输入参数或拖动滑块可以改变图像的色彩浓度。当饱和度数值为负值时，状态色谱显示为灰色，这说明图像已经不是彩色的了，而是无彩色图像，如图 10-3 所示。

○ **图 10-3**　改变饱和度

【明度】选项控制图像色彩的亮度，在参数栏中输入参数或拖动滑块可以改变图像的明暗变化。当明度数值为负数时，图像上方覆盖一层不同程度的不透明度黑色；当明度数值为正数时，图像上方覆盖一层不同程度的不透明度白色，如图 10-4 所示。

○ **图 10-4**　改变明度

注　意

在对话框中显示两个色谱，它们以各自的顺序表示色轮中的颜色。下方的状态色谱根据不同选项和设置情况而改变，上方的固定色谱则起到参照作用。

2．单色调设置

启用【着色】选项可以将画面调整为单一色调的效果，它的原理是将一种色相与饱和度应用到整个图像或者选区中。启用该选项，如果前景色是黑色或者白色，则图像会转换成红色色相；如果前景色不是黑色或者白色，则会将图像色调转换成当前前景色的色相，如图10-5所示。启用【着色】选项后，色相的取值范围为0～360，饱和度取值范围为0～100。

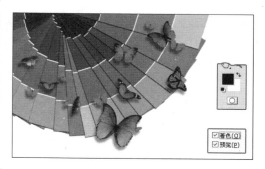

图 10-5　启用【着色】选项

3．颜色蒙版功能

颜色蒙版专门针对特定颜色进行更改而其他颜色不变，以达到精确调整颜色的目的。在该选项中可以对红色、黄色、绿色、青色、蓝色、洋红6种颜色进行更改。在下拉列表中默认的是全图颜色蒙版，选择除全图选项外的任意一种颜色编辑，在图像中的色谱会发生变化，如图10-6所示。

图 10-6　选择红色蒙版

除了选择颜色蒙版列表中的颜色选项外，还可以通过吸管工具选择列表中的颜色或者近似的颜色。在颜色蒙版列表中任意选择一个颜色后，使用【吸管工具】在图像中单击，可以更改要调整的色相，如图10-7所示。

图 10-7　颜色范围

10.1.2 【替换颜色】命令

【替换颜色】命令是在图像中基于特定颜色创建蒙版，然后替换图像中的那些颜色。它用来替换图像中指定的颜色，并可以设置替换颜色的色相、饱和度和亮度属性，该功能只能调整某一种颜色。执行【图像】|【调整】|【替换颜色】命令，弹出【替换颜色】对话框，如图10-8所示。

打开【替换颜色】对话框后，显示的选取颜

图 10-8　【替换颜色】对话框

色是前景色，这时【吸管工具】 处于可用状态，可以在图像中单击选取要更改的颜色，在选区颜色范围预览框中，白色区域为选中区域，黑色区域为被保护区域，如图10-9所示。

扩大或者缩小颜色范围可以使用【添加到取样】工具 与【从取样中减去】工具 ，如图10-10所示。在【替换颜色】命令中，还有一种扩大或者缩小颜色范围的方法，就是通过【颜色容量】选项。当【颜色容量】参数值大于默认参数值时，颜色范围就会扩大。

选取颜色选区后替换颜色的方法为拖动

图 10-9　选择颜色

【替换】选项区域中的色相、饱和度与明度滑块，或者直接在相应的文本框中输入数值；也可以双击【结果】颜色显示框，打开【拾色器】对话框，在该对话框中可以选择一种颜色作为更改的颜色，如图10-11所示。

图 10-10　扩大选区

图 10-11　替换颜色

10.2　调整通道颜色

在图像色调调整命令中，除了能够为色相、饱和度等信息进行色彩设置外，还能够通过颜色信息通道调整图像色彩，比如【色阶】、【曲线】与【通道混合器】命令。其中，【色阶】和【曲线】命令不仅能够进行单独颜色信息通道的调整，还可以进行复合通道信息的调整；而在【通道混合器】命令中，只能在单独的颜色信息通道中调整颜色。

10.2.1　【色阶】命令

【色阶】命令主要从亮度、对比度、颜色三方面自动调整图形，操作时色调变化直观，简单且实用。它主要通过高光、中间调和暗调3个变量进行图像色调调整。当图像偏亮或偏暗时，可使用此命令调整其中较亮和较暗的部分；对于暗色调图像，可将高光设置

图 10-12　【色阶】对话框

为一个较低的值，以避免太大的对比度。执行【图像】|【调整】|【色阶】命令（快捷键 Ctrl+L），弹出【色阶】对话框，如图 10-12 所示。

1. 输入色阶

在【色阶】对话框中，主要调整选项为【输入色阶】选项，该选项可以用来增加图像的对比度。它有两种调整方法，一种是通过拖动色阶的三角滑块进行调整；另外一种是直接在【输入色阶】文本框中输入数值。其中左侧的黑色三角滑块用于控制图像的暗调部分，数值范围为 0～253，当该滑块向右拖动时，增大图像中的暗调的对比度，使图像变暗，其相应的数值框也发生变化，如图 10-13 所示。

图 10-13　调整暗调区域

右侧的白色三角滑块用于控制图像的高光对比度，数值范围为 2～255。当该滑块向左拖动时，将增大图像中的高光对比度，使图像变亮，其相应的数值框也发生变化，如图 10-14 所示。

中间的灰色滑块是调整中间色调的对比度，可以控制在黑场和白场之间的分布比例，数值小于 1.00 时图像变暗；大于 1.00 时图像变亮。如果往暗调区域移动，图像将变亮，因为黑场到中间调的距离比中间调到高光的距离要短，这代表中间调偏向高光区域更多一些，因此图像变亮了；如果向右拖动会产生相反的效果，使图像变暗，如图 10-15 所示。

图 10-14　调整高光区域

> **注　意**
>
> 无论是向左或者向右拖动绘制滑块，滑块的位置都不能超过黑白两个箭头之间的范围。

2. 输出色阶

【输出色阶】选项可以降低图像的对比度，其中的黑色三角用来降低图像中暗部的对比度，向右拖动该滑块，可将最暗的像素变亮，感觉在其上方覆盖了一层半透明的白纱，其取值范围是 0～255；白色三角用来降低图像中亮部的对比度，向左拖动滑块，可将最亮的像素变暗，图像整体色调变黑，其取值范围是 255～0，如图 10-16 所示。

图 10-15　调整中间调区域

图 10-16　设置输出色阶

如果将【输出色阶】的滑块向左或向右拖动后，再将【输入色阶】滑块向右或向左拖动，图像色调会发生变化，这是因为在【输出色阶】选项中提高或降低了图像的整体对比度，是在调整整体亮度或暗度的基础上操作输入色阶选项的。

3．通道选项

该选项用于选择特定的颜色通道，以调整其色阶分布。【通道】选项中的颜色通道是根据图像模式来决定的，当图像模式为 RGB 时，该选项中的颜色通道为RGB、红、绿与蓝；当图像模式为 CMYK 时，该选项中的颜色通道为 CMYK、青色、洋红、黄色与黑色，如图 10-17 所示。

例如，在 RGB 模式中选择【通道】下拉列表中的【红】通道后，将【输入色阶】中的黑色滑块向右拖动，发现图像不是变暗，而是由阴影区域向高光区域转变为青绿色；如果将白色滑块向左拖动，整个图像不是变亮，而是由高光区域向阴影区域变为红色，如图 10-18 所示。总之，移动滑块时，暗部变化所倾向的颜色与亮部所倾向的颜色为互补色。

> **技 巧**
>
> 当灰色滑块向左拖动时，图像中的红色像素增加；当灰色滑块向右拖动时，图像中的青绿色像素增加。但是与黑色滑块向右、白色滑块向左所产生的效果不同，这是由中间调向周围转变的。

如果在黑色滑块向右拖动的同时，将白色滑块向左拖动，这时图像中的阴影区域呈现绿色，高光区域呈现红色，如图 10-19 所示。

如果在【输出色阶】中向右拖动黑色滑块，将会显示整个图像覆盖一层半透明红色；向左拖动白色滑块，显示整个图像覆盖一层半透明青绿色，如图 10-20 所示。

4．双色通道

【色阶】命令除了可以调整单色通道中的颜色，还可以调整由两个通道组成的一组颜色通道。但是【通道】下拉列表中没有该选项，只有结合【通道】面板才能调整双色通道。方法是在【通道】面板中按住 Shift 键，选中其中的两个单色通道，如图 10-21 所示。

图 10-17　CMYK 模式

图 10-18　调整红通道颜色信息

图 10-19　同时调整阴影与高光

图 10-20　设置红通道中的输出色阶

当【输入色阶】中的黑色滑块向右拖动时，图像中的红色与黑色像素增加。完成设置后返回 RGB 通道，图像由阴影区域到高光区域发生了细微变化，如图 10-22 所示。

提　示

在默认的【红】通道中，向右拖动【输入色阶】中的黑色滑块，图像中增加青绿色与黑色，而在 RG 双色通道中设置相同的参数，则在图像中增加绿色与黑色，这是因为红色通道与绿色通道相组合的缘故。

5. 自动颜色校正选项

用户可以在【自动颜色校正】选项栏中更改默认参数，单击对话框中的【选项】按钮，打开【自动颜色校正选项】对话框，然后调整出自己需要的参数。

10.2.2 【曲线】命令

【曲线】命令可以调节任意局部的亮度和颜色，也可以调节全体或是单独通道的对比度。它不仅可以使用三个变量（高光、暗调、中间调）进行调整，而且可以调整 0～255 范围内的任意点，还可以使用曲线对图像中的个别颜色通道进行精确地调整。执行【图像】|【调整】|【曲线】命令（快捷键 Ctrl+M），弹出【曲线】对话框，如图 10-23 所示。

1. 预设选项

【曲线】对话框中的【预设】选项是已经调整后的参数，在该选项的下拉列表中包括【默认值】、【自定】与其他 9 种预设效果选项，选择不同的预设选项会得到不同的效果，如图 10-24 所示。

提　示

曲线编辑窗口中显示的彩色线条是启用【通道叠加】选项实现的。调整曲线后，【预设】下拉列表中显示为【自定】选项。

2. 曲线显示选项

在【曲线】对话框中，显示了要调整图像的直方图，直方图能够显示图片的阴影、

图 10-21　选择双色通道

图 10-22　调整双色通道

图 10-23　【曲线】对话框

中间调、高光并显示单色通道。要想隐藏直方图，禁用【曲线显示选项】组中的【直方图】选项即可，如图 10-25 所示。

原图　　　　　　　　彩色负片　　　　　　　　反冲

线性对比度　　　　　　　负片　　　　　　　强对比度

图 10-24　预设效果

在曲线编辑窗口中有两种显示模式，一种是RGB，另一种是CMYK，RGB 模式的图像以光线的渐变条显示，CMYK 模式的图像以油墨的渐变条显示，方法是启用【显示数量】的【颜料/油墨】选项。

在【曲线显示选项】选项组中，还有曲线编辑窗口的方格显示选项、【通道叠加】选项、【基线】选项等，启用这些选项可以更加准确地编辑曲线。

3．调整图像明暗关系

可以使用【曲线】命令来提高图像的亮度和对比度，具体方法是在对角线的中间单击，添加一个点，然后将添加点向上拖动，此时图像逐渐变亮，如图 10-26 所示。相反，如果将添加点向下拖动，图像则逐渐变暗。

如果图像对比度较弱，可以在【曲线】对话框里增加两个点，然后将最上面的增加点向右上角拉，增加图像的亮部，最下面的增加点向左下角拉，使得图像的暗部区域加深，如图 10-27 所示。

4．自由曲线

要改变网格内曲线的形状，并不只限于增加和

图 10-25　禁用【直方图】选项

图 10-26　提亮图像

移动控制点，还可以启用【曲线】对话框中的【铅笔工具】 ✐，它可以根据自己的需要随意绘制形状，如图 10-28 所示。

图 10-27　增强对比度

图 10-28　绘制自由曲线

使用铅笔绘制完形状之后，会发现曲线的形状会凸凹不平，这时可以单击【平滑】按钮，它能使凸凹不平的曲线形状变得平滑，单击它的次数越多，绘制的曲线就会越平滑，如图 10-29 所示。其中，【曲线】 ∿ 按钮能将铅笔绘制的线条转换为普通的带有节点的曲线。

5. 调整通道颜色

【曲线】命令在单独调整颜色信息通道中的颜色时，可以通过增加曲线上的点来细微地调整图像的色调。

图 10-29　平滑曲线

例如，选择【通道】下拉列表中的【红】选项，在直线中单击添加一个控制点，然后向上拖动，这时图像会偏向于红色，如图 10-30 所示。如果在红通道的直线上添加一个控制点且向右下角拖动，这时图像会偏向于青绿色。

在红通道中调整完之后，返回 RGB 复合通道，会发现【曲线】的编辑窗口中增加了一条红色的曲线，这说明在所有通道中只有红通道发生了变化，如图 10-31 所示。

提　示

在【曲线】命令中，也可以使用双通道来改变图像的颜色。其操作方法与【色阶】命令的基本相同，只是在调整过程中，采用的是拖动曲线方式。

图 10-30　调整红通道信息

10.2.3　【通道混和器】命令

在某些通道缺乏颜色资讯时【通道混和器】命令可以用来对图像作大幅度校正，使用某一颜色通道的颜色资讯作用于其他颜色通道的颜色，它可以对偏色现象作校正，可以从每个颜色通道中选取它所占的百分比来创建高品质的灰度图像，还可以创建高品质的棕褐色调或者其他彩色图像。

该对话框中的【输出通道】列表中的选项和【源通道】选项会根据图像的颜色模式有所变化，该命令分为 RGB 模式与 CMYK 模式两种混合方式，如图 10-32 所示。

图 10-31　调整后显示

图 10-32　不同模式的选项显示

1．预设选项

在【通道混和器】对话框中，【预设】下拉列表中包含了【默认值】、【自定】以及其他 6 个预设效果选项。当选择这 6 个选项后，能够直接得到以不同颜色为主的黑白效果，如图 10-33 所示。

红外线的黑白

使用蓝色滤镜的黑白

使用绿色滤镜的黑白

使用橙色滤镜的黑白

使用红色滤镜的黑白

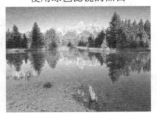
使用黄色滤镜的黑白

图 10-33　预设效果

2．源通道

在【通道混和器】对话框中，主要是通过【源通道】选项来调整颜色的，该选项中显示的颜色参数是由图像模式来决定的。

颜色通道是代表图像（RGB 或 CMYK）中颜色分量的色调值的灰度图像，在使用【通道混和器】时，就是在通过源通道向目标通道加减灰度数值，当【输出通道】为【红】通道时，设置【源通道】中的各种颜色数值，图像会发生相应地变化，如图 10-34 所示。

图 10-34 各个颜色数值

3. 输出通道

以上所讲的是以红色通道为输出通道的【源通道】选项，选择【输出通道】为【绿】通道或者【蓝】通道，【源通道】中的颜色信息参数相同，但是设置相同的参数会出现不同的效果，如图 10-35 所示。

图 10-35 相同参数不同输出通道效果

4. 单色

【通道混和器】对话框中的【单色】选项用来创建高品质的灰度图像。该选项在将彩色图像转换为灰度图像的同时，还可以调整颜色信息参数，以调整其对比度。

启用【单色】选项将彩色图像转换为灰色图像后，要想调整其对比度，必须是在当前对话框中调整，否则就是在为图像上色。要想为灰色图像上色，还可以在【通道混和器】对话框中启用【单色】选项后再禁用该选项，即可设置源通道参数为其上色，如图 10-36 所示。

5. 常数

【通道混和器】对话框中的【常数】选项用于调整输出通道的灰度值。负值增加更多的黑色，正值增加更多的白色。【常数】选项分为两种效果，在彩色图像的通道中设置【常数】选项，最大值的效果与所有颜色信息参数均为最大值的相同；最小值的效果与所有颜色信息参数均为最小值的相同，如图 10-37 所示。

图 10-36　灰度与单色效果

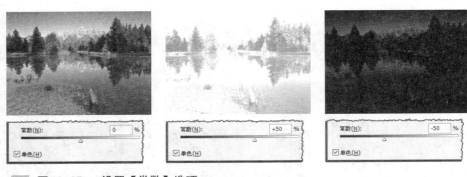

图 10-37　设置【常数】选项

10.3　校正单个颜色

在色彩调整命令中，除了按照色调、通道信息调整颜色外，还有专门调整个别颜色的命令，那就是【色彩平衡】命令与【可选颜色】命令。前者是在明暗色调中增加或者减少某种颜色；后者是在某个颜色中增加或者减少颜色含量。

10.3.1 【色彩平衡】命令

【色彩平衡】命令在色调平衡选项中将图像笼统地分为暗调、中间调和高光 3 个色调，每个色调可以进行独立的色彩调整。该命令能进行一般性的色彩校正，它可以改变图像颜色的构成，但不能精确控制单

图 10-38　【色彩平衡】对话框

色通道，只能作用于复合颜色通道。执行【图像】|【调整】|【色彩平衡】命令（快捷键Ctrl+B），弹出【色彩平衡】对话框，如图10-38所示。

1．颜色参数

该命令是根据在校正颜色时增加基本色，降低相反色的原理工作的。在其对话框中，青色与红色、洋红与绿色、黄色与蓝色分别对应，因此想要修改图像中的某种颜色信息，只需要调整该颜色对应的相反颜色参数值就能达到目的。例如在颜色参数选项中增加黄色参数值，对应的蓝色就会减少；反之就会出现反效果，如图10-39所示。

图 10-39　增加黄色或蓝色

2．调整区域

由于图像中不同色调显示的是不同的颜色，所以在图像中的阴影、中间调与高光区域中添加同一种颜色，会得到不同的效果，如图10-40所示。

图 10-40　设置不同色调区域中的相同选项

提　示

不管是在哪个色调中添加颜色，如果同时向相同的方向拖动，增加相同数值的颜色，其效果与原图相同。

3．亮度选项

在【色彩平衡】命令中的颜色自身带有一定的亮度，当启用【保持明度】选项时，调整颜色参数不会破坏原图像亮度，因为该选项的作用是在三基色增加时下降亮度，在三基色减少时提高亮度，从而抵消三基色增加或者减少时带来的亮度改变。

色彩平衡滑块右侧的颜色本身带有提高明度的功能。当禁用【保持明度】选项时将颜色数值设置到最大后，在增加颜色信息的同时提高了整幅图像的亮度，而当启用该选项时设置相同的数值，图像还是保持原有的亮度，如图 10-41 所示。

图 10-41　启用与禁用【保持明度】选项

10.3.2　【可选颜色】命令

【可选颜色】命令用于在 RGB 色彩空间中校正图像并转换为 CMYK 空间准备交付印刷前的二次校正，也就是调整单个颜色分量的印刷色数量，是针对 CMYK 模式的图像颜色调整，当然也可以在 RGB 模式的图像中使用它，使用该命令可以在这两种色彩空间中拥有更多的校正空间和可使用的色彩。执行【图像】|【调整】|【可选颜色】命令，弹出【可选颜色】对话框，如图 10-42 所示。

1．减去颜色参数

因为该命令主要是针对 CMYK 模式图像的颜色调整，所以【颜色参数】为青色、洋红、黄色与黑色。当选择的颜色中包含颜色参数中的某些颜色时，就会发生较大的改变，反之效果不明显，如图 10-43 所示。

图 10-42　【可选颜色】对话框

图 10-43　减去黄色信息

2．增加颜色参数

在图像颜色中增加颜色参数时，基本上不会更改颜色色相，并且会发现增加某些颜色参数产生的变化较大，某些颜色参数产生的变化较小，这是因为颜色含量比例问题，如图10-44所示。

3. 调整不同颜色

【可选颜色】校正是高端扫描仪和分色程序使用的一项技术，它可以在图像中的每个加色和减色的原色分量中增加和减少色的量。通过增加和减少与其他油墨相关的油墨数量，可以有选择地修改任何原色中印刷色的数量，而不会影响任何其他原色，并且可以在同一对话框中调整不同的颜色，如图10-45所示。

图 10-44 增加颜色信息

图 10-45 为不同颜色增加油墨数量

4. 调整方法

【相对】方法按照总量的百分比更改现有的青色、洋红、黄色或者黑色的量；【绝对】方法是采用绝对值调整颜色，图像调整的效果比较明显，如图10-46所示。

图 10-46 相对与绝对

10.4 课堂练习：唯美的桃花

本练习使用颜色调整命令制作出唯美的桃花盛开效果，如图 10-47 所示。在制作的过程中，通过利用【色彩平衡】命令调整花瓣的颜色，使其更加鲜艳；再利用【可选颜色】和【渐变映射】等命令，调整素材的整体色调，盖印图层；最后调整图片的整体饱和度，完成唯美桃花的制作。

图 10-47　唯美的桃花效果

操作步骤：

1　新建 1024×768 像素的空白文档，按 Ctrl+O 快捷键打开背景素材，将背景素材拖入该文档中，如图 10-48 所示。

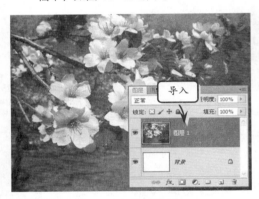

图 10-48　导入背景素材

2　按 Ctrl+J 快捷键复制素材，设置副本图层的【混合模式】为【正片叠底】，【不透明度】为 30%，如图 10-49 所示。

图 10-49　复制图层

3　选择副本图层，执行【图像】|【调整】|【渐变映射】命令，打开【渐变映射】对话框，设置渐变颜色，如图 10-50 所示。

图 10-50　设置【渐变映射】参数

提　示

复制副本图层并设置复制后图层的【混合模式】为【强光】，【不透明度】为 10%。

4　新建图层，按 Ctrl+Alt+Shift+E 快捷键盖印图层。执行【图像】|【调整】|【色彩平衡】命令，打开【色彩平衡】对话框，设置参数，如图 10-51 所示。

提　示

复制调整色彩平衡后的图层，设置图层的【不透明度】为 30%。

5　新建并盖印图层。执行【图像】|【调整】|【曲线】命令，打开【曲线】对话框，调整【蓝】通道的曲线，如图 10-52 所示。

图 10-51 设置【色彩平衡】参数

图 10-52 调整曲线

6 新建并盖印图层，打开【渐变映射】对话框，设置渐变颜色，如图 10-53 所示。在【图层】面板中，设置该图层的【混合模式】为【强光】，【不透明度】为 10%。

图 10-53 设置【渐变映射】参数

7 新建一个图层，设置前景色为#381855，使用【油漆桶工具】进行填充。在【图层】面板中，设置【混合模式】为【变亮】，【不透明度】为 70%，如图 10-54 所示。

图 10-54 填充图层

8 新建并盖印图层，设置【混合模式】为【柔光】，【不透明度】为 40%，如图 10-55 所示。

图 10-55 设置混合模式

9 新建图层，设置前景色为#471F68，使用【画笔工具】在画布上绘制高光区域。设置图层【混合模式】为【滤色】，【不透明度】为 15%，如图 10-56 所示。

提 示

在使用【画笔工具】时，设置画笔的硬度为 0%，选择柔边缘画笔进行绘制，使高光与画面更加融合。

绘制

图 10-56 绘制高光区域并设置混合模式

10 新建并盖印图层，设置【混合模式】为【柔光】，【不透明度】为 30%，再盖印图层，如图 10-57 所示。

设置

图 10-57 设置混合模式盖印图层

11 执行【图像】|【调整】|【可选颜色】命令，打开【可选颜色】对话框，设置参数，如图 10-58 所示。

设置

图 10-58 设置【可选颜色】参数

12 新建并盖印图层，按 Ctrl+Shift+U 快捷键去色。执行【滤镜】|【模糊】|【高斯模糊】命令，设置半径为 0.5 像素，如图 10-59 所示。

设置

图 10-59 设置【高斯模糊】参数

提 示

在【图层】面板中，设置图层的【混合模式】为【柔光】，【不透明度】为 60%。

13 再新建一个图层，盖印图层，打开【高斯模糊】对话框，设置半径为 15.0 像素。在【图层】面板中，设置【混合模式】为【柔光】，【不透明度】为 30%，如图 10-60 所示。

设置

图 10-60 设置【高斯模糊】参数

14 新建并盖印图层，按 Ctrl+L 快捷键打开【色阶】对话框，设置【输出黑色阶】为 15，如图 10-61 所示。

15 盖印图层，打开【亮度/对比度】对话框，设置【亮度】为 40，【对比度】为-50，如图 10-62 所示。保存文件，完成唯美的桃花效果的制作。

图 10-61 设置【色阶】参数

图 10-62 调整【亮度/对比度】参数

10.5 课堂练习：给美女的衣服换色

本例使用颜色调整命令给美女的衣服换颜色，如图 10-63 所示。在制作的过程中，通过使用【钢笔工具】 ✐ 画出衣服的轮廓，转换为选区后，利用【通道混合器】命令将美女的衣服颜色调整为红色。最后，调整花朵的颜色以及画面的整体色调，完成为美女衣服换色效果的制作。

图 10-63 为美女衣服换色

操作步骤：

1. 新建 2560 × 1600 像素的空白文档，按 Ctrl+O 快捷键打开背景素材,将背景素材导入该文档中，如图 10-64 所示。

2. 使用【钢笔工具】 ✐ 在画布中绘制出美女衣服的轮廓，并按 Ctrl+Enter 快捷键将轮廓转换为选区，如图 10-65 所示。

3. 按 Ctrl+J 快捷键将选区中的内容复制一层，执行【图像】|【调整】|【通道混合器】命令，打开【通道混合器】对话框，设置参数，如图 10-66 所示。

图 10-64 导入素材

图 10-65 绘制选区

图 10-66 设置【通道混合器】参数

注　意

为了保护原来的图像，在更改选区中的颜色
时，先将选区中的内容复制一份，然后再进行
颜色的调整。

4 取消选区，将背景素材复制一层，放在背景
素材的上方。打开【可选颜色】对话框，设
置参数，如图 10-67 所示。

图 10-67 设置【可选颜色】参数

提　示

打开【通道混和器】对话框，设置【输出通道】
中【红】通道的【红色】参数为 110%。

5 执行【图像】|【调整】|【阴影/高光】命令，
在打开的对话框中，设置【阴影】的数量为
0%，【高光】的数量为 0%，如图 10-68
所示。

图 10-68 设置【阴影/高光】参数

6 打开【亮度/对比度】参数，设置【对比度】
参数为 50，增加画面的对比度，如图 10-69
所示。

图 10-69 设置【亮度/对比度】参数

7 使用【钢笔工具】抠出人物手中的花朵轮廓，
转换为选区。打开【色彩平衡】对话框，设
置参数，如图 10-70 所示。

提　示

设置启用【阴影】选项，设置【色阶】参数为
0，-100，84，再启用【中间调】选项，设置【色
阶】参数为 100，-100，100。

图 10-70 设置【色彩平衡】参数

8 使用【钢笔工具】抠出人物头部的花朵，打开【色相/饱和度】对话框，设置【色相】为-40，【饱和度】为 93，【明度】为-1，如图 10-71 所示。

图 10-71 设置【色相/饱和度】参数

提 示

使用相同的方法抠出人物右下方的花朵，复制一层后，更改其颜色，使其与衣服的颜色搭配。

9 在工具箱中，选择【自由套索工具】🔾，在画布中绘制选区。执行【滤镜】|【模糊】|【高斯模糊】命令，设置半径为 3.0 像素，如图 10-72 所示。

10 使用相同的方法在图像的右侧空白区域绘制选区，打开【高斯模糊】对话框，设置参数，如图 10-73 所示。

11 新建图层，填充为黑色，设置【不透明度】

为 5%，使用【橡皮擦工具】进行涂抹，修饰人物与模糊背景的衔接处，如图 10-74 所示。最后，保存文件，完成为美女衣服换色效果的制作。

图 10-72 设置【高斯模糊】参数

图 10-73 设置空白区域的【高斯模糊】参数

图 10-74 修饰画面的细节

一、填空题

1．利用＿＿＿＿＿＿＿命令可以为黑白图像上色。

2．＿＿＿＿＿＿＿命令是【色相/饱和度】命令功能的一个分支，因为它只能调整某一种颜色。

3．＿＿＿＿＿＿和＿＿＿＿＿＿命令既可以调整复合通道，也可以调整双通道，还可以调整单色通道。

4．＿＿＿＿＿＿＿对话框中的参数会根据图像颜色模式的不同而有所改变。

5．【可选颜色】命令是调整＿＿＿＿＿＿颜色的命令。

二、选择题

1．在 RGB 颜色模式中，R（红）+G（绿）产生 Y（黄），那么 R＝255，G＝128，B＝0 代表＿＿＿＿＿＿颜色。

    A．紫色　　　　　　B．橙色
    C．青色　　　　　　D．粉色

2．按＿＿＿＿＿＿快捷键，能够打开【色相/饱和度】对话框。

    A．Ctrl+L　　　　　B．Ctrl+M
    C．Ctrl+U　　　　　D．Ctrl+B

3．按＿＿＿＿＿＿快捷键，能够打开【色阶】对话框。

    A．Ctrl+L　　　　　B．Ctrl+M
    C．Ctrl+U　　　　　D．Ctrl+B

4．【色彩平衡】对话框中包括【色彩平衡】和＿＿＿＿＿＿两个选项组。

    A．色调平衡　　　　B．去色
    C．亮度　　　　　　D．对比度

5．按快捷键 Ctrl+M，可以打开＿＿＿＿＿＿对话框。

    A．【色相/饱和度】
    B．【替换颜色】
    C．【曲线】
    D．【色彩平衡】

三、问答题

1．简述【替换颜色】与【色相/饱和度】命令之间的区别。

2．简述【色阶】与【曲线】命令之间的相同之处。

3．根据不同的图像打开【通道混合器】对话框，为什么其中的选项会有所不同？

4．【色彩平衡】对话框中的【保持明度】选项的作用是什么？

5．对于 RGB 与 CMYK 颜色模式的图像，【可选颜色】命令更适用于什么颜色模式？

四、上机练习

1．改变图像色调

要改变图像的整体色调，只要执行【图像】|【调整】|【色相/饱和度】命令，在弹出的【色相/饱和度】对话框中，设置【色相】选项参数值即可改变图像的整体色调效果，如图 10-75 所示。

图 10-75　改变整体色调

2. 改变局部颜色

【可选颜色】命令是专门针对图像中的单个颜色进行设置的颜色命令，而某种颜色又不一定只包含一种颜色信息，所以在使用【可选颜色】命令进行局部颜色改变时，要根据所需要更改的颜色信息来进行设置。如图 10-76 所示的绿色汽车，就需要通过【可选颜色】对话框中的绿色与黄色信息，才能够将其改变。

图 10-76　改变局部颜色

第 11 章

通道与蒙版

图像局部选择包含多种途径，除了前面介绍的选取工具、选取命令以及路径工具外，还能够通过通道进行选择。通道是存储不同类型信息的灰度图像，是图像的另外一种显示方式，主要用来保存图像的颜色信息和选区。而蒙版是用来保护被遮蔽的区域，具有高级选择功能，同时也能对图像的局部进行颜色的调整，而使图像的其他部分不受影响。

在该章节中，主要了解通道的类型与使用方法以及如何通过蒙版形成无损坏的提取局部图像与改变图像色彩等。

本章学习要点：

➤ 通道基本操作

➤ 通道类型

➤ 通道应用

➤ 蒙版类型

➤ 蒙版高级运用

11.1 通道操作

通道是基于色彩模式基础上衍生出的简化操作工具，其应用非常广泛，可以用通道来建立选区，进行选区的各种操作，也可以把通道看作由原色组成的图像，因此可以进行单种原色通道的变形、执行滤镜、色彩调整、复制粘贴等操作。

11.1.1 【通道】面板

打开一幅图像后，系统会自动创建颜色信息通道。执行【窗口】|【通道】命令，即可在【通道】面板中查看该图像的复合通道和单色通道。在 Photoshop 中，不同的颜色模式图像其通道组合各不相同，并且在【通道】面板中显示的单色通道也会有所不同，如图 11-1 所示。其中的选项及功能如表 11-1 所示。

表 11-1　【通道】面板中的选项及功能

选　　项	图　　标	功　　能
将通道作为选区载入		单击此按钮可以将当前通道中的内容转换为选区
将选区存储为通道		单击此按钮可以将图像中的选区作为蒙版保存到一个新建的 Alpha 通道中
创建新通道		创建 Alpha 通道，拖动某通道至该按钮可以复制该通道
删除当前通道		删除所选通道

通道最主要的功能是保存图像的颜色数据。例如一个 RGB 模式的图像，其每一个像素的颜色数据都是由红色、绿色、蓝色这 3 个通道来记录的，而这 3 个单色通道组合定义后合成了一个 RGB 主通道，如图 11-2 所示。

如果在 CMYK 模式图像中，颜色数据则分别由青、洋红、黄、黑这 4 个单色的通道组合成一个 CMYK 的主通道，如图 11-3 所示。

　图 11-1　　【通道】面板

图 11-2　　RGB 模式图像的【通道】面板

图 11-3　　CMYK 模式图像的【通道】面板

图像与通道是相连的，也可以理解为通道是存储不同类型信息的灰度图像。实际上，每一个通道是一个单一色彩的平面。以屏幕图像为例，来介绍通道与图像之间的色彩关联。通道中的 RGB 分别代表红、绿、蓝三种颜色，它们通过不同比例的混合，构成了彩色图像。

在【通道】面板中，按住 Ctrl 键单击红色通道缩览图，载入该通道中的选区。在【图层】面板中新建"图层 1"并填充红色（#ff0000），得到红色通道图像效果，如图 11-4 所示。

使用上述方法，分别显示蓝通道和绿通道中的选区，并在不同的图层中填充蓝色和绿色，如图 11-5 所示。

在三个颜色图层下方新建图层，并填充黑色。然后分别设置彩色图层的【混合模式】为【滤色】，得到与原图像完全相同的效果，如图 11-6 所示。

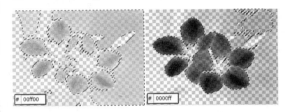

图 11-4　填充红色

图 11-5　填充绿色与蓝色

图 11-6　设置图层属性

11.1.2　颜色信息通道

颜色通道记录的是图像的颜色信息与选择信息，所以编辑颜色通道既可以建立局部选区，也可以改变图像色彩。

1．通过颜色通道提取图像

颜色通道是图像自带的单色通道，要想在不改变图像色彩的基础上通过通道提取局部图像，需要通过对颜色通道的副本进行编辑。这样既可以得到图像选区，也不会改变图像颜色。

比如，打开一幅图像的【通道】面板，选择对比较为强烈的单色通道，将其拖动至【创建新通道】按钮　，创建颜色通道副本，如图 11-7 所示。

接着在"红副本"通道中，就可以随意使用颜色调整命令，加强该通道中的对比关系。通常情况下，最常使用的是【色阶】调整命令，如图 11-8 所示。

对于通道图像的细节调整，则可以通过【加深工具】和【减淡工具】进行涂抹，从而得到黑白双色图像，如图 11-9 所示。

单击【通道】面板底部的【将通道作为选区载入】按钮 ⭕，载入该通道中的选区进行复制，就可以在没有改变图像色彩的情况下，提取边缘较为复杂的局部图像，如图 11-10 所示。

2. 同文档中的颜色通道复制与粘贴

在同一图像文档中，将其中一个单色信息通道复制到另外一个不同的单色信息通道中，返回 RGB 通道就会发现图像颜色发生变化。

图 11-7　创建红通道副本

图 11-8　加强对比度

图 11-9　加深与减淡

比如，在【通道】面板中选中绿通道并进行全选复制，然后选中蓝通道进行粘贴后，返回 RGB 通道，发现图像色彩发生改变，如图 11-11 所示。

图 11-10　提取局部图像

图 11-11　复制与粘贴颜色通道

以 RGB 颜色模式的图像为例，复制通道颜色至其他颜色通道中，能够得到 6 种不同的图像色调。

3. 不同文档中的颜色通道复制与替换

除了可以在同图像文档中复制颜色通道信息外，还可以在两个不同的图像文档之间复制颜色通道信息。前提是准备两幅完全不同但尺寸相同的图像,如图 11-13 所示。

红通道复制到绿通道　　　　　蓝通道复制到红通道　　　　　红通道复制到蓝通道

 图 11-12　其他颜色通道复制效果

　　选中其中一幅图像的某一个颜色通道,将其全选后复制,切换到另外一个文档中,选择某个单色通道进行粘贴,得到一幅具有综合效果的图像,如图 11-14 所示。

　　如果将花卉图像中的单色通道复制到天空图像的单色通道中,那么会得到天空纹理清晰,而花卉纹理模糊的效果,如图 11-15 所示。

图 11-13　两幅图像

4. 分离与合并通道

　　既然一幅 RGB 模式的图像中包含红、绿、蓝三个原色通道,就可以将其分别分离为单独的图像文档。方法是选择【通道】面板关联菜单中的【分离通道】命令,Photoshop 自动将 RGB 图像分离为 R、G、B 的灰色图像,如图 11-16 所示。

图 11-14　天空文档中的颜色通道复制到花卉文档中

图 11-15　花卉中的颜色通道复制到天空文档中

图 11-16　分离颜色通道

分离通道后，还可以合并通道。方法是选中任何一个分离后的灰度图像，在【通道】面板中选择关联菜单中的【合并通道】命令，在弹出的【合并通道】对话框的【模式】下拉列表中选择【RGB 颜色】选项，单击【确定】按钮进入【合并 RGB 通道】对话框，如图 11-17 所示，直接单击【确定】按钮就可以得到原图像。

图 11-17　　合并 RGB 通道

如果在【合并 RGB 通道】对话框中，选择分别【红色】、【绿色】与【蓝色】下拉列表中的灰度图像名称，会得到不同颜色的图像，如图 11-18 所示，依次在【红色】、【绿色】与【蓝色】下拉列表中选择原蓝色通道、原红色通道与原绿色通道得到的效果显示。

提　示

因为在新建通道中可以任意选择原色通道，所以合并 RGB 通道图像可以合并 6 幅不同颜色的图像。

在【合并通道】对话框的【模式】下拉列表中还可以选择【Lab 颜色】选项与【多通道】选项，选择【Lab 颜色】选项可以在【指定通道】的【明度】、a 与 b 下拉列表中选择不同的原通道，如图 11-19 所示为其中的一种效果显示。

要是选择【多通道】选项，那么可以分别在【指定通道 1】、【指定通道 2】与【指定通道 3】的图像下拉列表中选择不同的原通道，如图 11-20 所示为其中的一种效果显示。

如果是 4 幅灰度图像合并通道，如图 11-21 所示，那么除了可以合并【RGB 颜色】通道、【Lab 颜色】通道与【多通道】外，还可以合并【CMYK 颜色】通道。

图 11-18　　合并通道后得到的图像

图 11-19　　合并 Lab 通道

图 11-20　　合并多通道

图 11-21　　4 幅灰度图像

合并 CMYK 模式通道与其他模式通道相同，只要在【合并通道】对话框的【模式】下拉列表中选择【CMYK 颜色】选项，单击【确定】按钮后，在【合并 CMYK 通道】对话框中可以任意选择【青色】、【洋红色】、【黄色】与【黑色】通道中的灰度图像名称。如图 11-22 所示为其中一种效果显示。

11.1.3　通道基本操作

在【通道】面板中，颜色通道除了可以复制颜色信息、分离与合并通道外，还可以通过显示与隐藏通道、复制与删除通道来改变图像色调。

1．显示和隐藏通道

在默认情况下，【通道】面板中的【眼睛】图标呈显示状态。单击某个单色通道的【眼睛】图标后，隐藏图像中的红色像素，只显示图像中的绿色与蓝色像素，如图 11-23 所示。

在【通道】面板中，还可以分别隐藏绿色通道与蓝色通道，隐藏前者图像显示红色和蓝色的像素，隐藏后者图像显示红色与绿色的像素，如图 11-24 所示。

图 11-23　隐藏红色通道的图像前后对比

2．复制和删除通道

通常情况下，编辑单色通道时不要在原通道中，以免编辑后不能还原，这时就需要将该通道复制一份再编辑。复制通道的方法有两种，一种是直接选中并拖动要复制的通道至【创建新通道】按钮，得到其通道副本，

图 11-24　分别隐藏绿色通道与蓝色通道

如图 11-25 所示为复制"红"通道得到"红副本"通道。

还有一种方法是选中要复制的通道后，选择关联菜单中的【复制通道】命令，打开对话框，直接单击【确定】按钮得到与第一种方法完全相同的副本通道；如果启用对话框中的【反相】选项，那么会得到与之明暗关系相反的副本通道，如图 11-26 所示。

图 11-25　通过【创建新通道】按钮复制通道　　　图 11-26　复制反相副本通道

如果在【复制通道】对话框的【文档】下拉列表中选择【新建】选项，那么会将通道复制到一个新建文档中，如图 11-27 所示。

将没有用的通道删除是为了节省硬盘存储空间，提高程序运行速度。方法是将要删除的通道拖至【删除当前通道】按钮 🗑 上或选择关联菜单中的【删除通道】命令。

在【通道】面板中还可以删除单色通道，这样会得到意想不到的颜色效果。如图 11-28 所示为分别删除红、绿、蓝单色通道得到的效果显示。

图 11-27　复制通道至新建文档中

注　意

如果是在含有两个或者两个以上图层的文档中删除原色通道，Photoshop 会提示将其图层合并，否则将无法删除。

删除红通道效果　　　　　删除绿通道效果　　　　　删除蓝通道效果

图 11-28　分别删除红、绿、蓝单色通道

11.2　其他通道类型

在 Photoshop 中，图像默认的是由颜色信息通道组成的。但是图像中除了颜色信息通道外，还可以为图像中的通道添加 Alpha 通道与专色通道。

11.2.1 Alpha 通道

在选区操作过程中，选区就是存储在 Alpha 通道中。该通道主要用来记录选择信息。通过对 Alpha 通道的编辑，能够得到各种效果的选区。

1．创建 Alpha 通道

当画布中存在选区时，通过【存储选区】命令即可创建具有灰度图像的 Alpha 通道；单击【通道】面板底部的【将选区存储为通道】 同样能够创建 Alpha 通道，如图 11-29 所示。

Alpha 通道的另外一种创建方法是直接单击【通道】面板底部的【创建新通道】按钮 ，创建一个背景为黑色的空白通道并使之处于工作状态，如图 11-30 所示。

图 11-29　创建 Alpha 通道

> **提　示**
> Alpha 通道是自定义通道，创建该通道时，如果没有为其命名，那么 Photoshop 就会使用 Alpha1 这样的名称。

2．编辑 Alpha 通道

Alpha 通道相当于灰度图像，能够使用 Photoshop 中的工具或者命令来编辑，从而得到复杂的选区。

比如，在具有黑白双色的 Alpha 通道中，执行【滤镜】|【素描】|【半调图案】命令，使 Alpha 通道呈现复杂的图像，如图 11-31 所示。

这时，单击【通道】面板底部的【将通道作为选区载入】按钮 ，载入该通道中的选区。返回复合通道后，按 Ctrl+J 快捷键复制选区中的图像，得到复杂纹理的图像效果，如图 11-32 所示。

图 11-30　创建空白 Alpha 通道

> **提　示**
> 在通道中，白色区域记录选区，灰色区域记录羽化的选区，而黑色区域不记录选区。

11.2.2 专色通道

专色通道主要用于替代或补充印刷色（CMYK）油墨，在印刷时每种专色都要求专

Photoshop CS5 中文版图像处理标准教程

用的印版，一般在印刷金、银色时需要创建专色通道。

图 11-31　执行滤镜效果

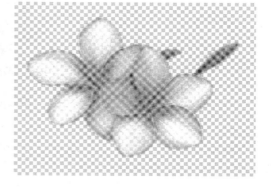

图 11-32　复制通道选区图像

1. 创建与编辑专色通道

在 Photoshop 中，创建与存储专色的载体为专色通道。按住 Ctrl 键，单击【通道】面板底部的【创建新通道】按钮。在弹出的【新建专色通道】对话框中，单击【颜色】色块，选择专色得到专色通道，如图 11-33 所示。

图 11-33　创建专色通道

提　示

因为专色颜色不是用 CMYK 油墨打印，所以在选择专色通道所用的颜色时，可以完全忽略色域警告图标⚠️。

创建的专色通道为空白通道，需要在其中建立图像才能够显示在图像中。在专色通道中，既可以使用绘图工具绘制图像，也可以将外部图像的单色通道图像复制到专色通道中，使其呈现在图像中。

例如，将另外一幅图像中的蓝色通道选中并复制，返回新建的专色通道进行粘贴。发现静物以专色的形式在图像中显示，如图 11-34 所示。这时，可以通过各种工具对专色通道中的图像进行编辑。

专色通道的属性设置与 Alpha 通道相似，同样是双击通道，在弹出【专色通道选项】对话框中，设置专色通道的【颜色】与【密度】选项，从而得到不同的效果，如图 11-35 所示。

图 11-34　复制到专色通道中

2．合并专色通道

大多数家用台式打印机是不能打印包含专色的图像的，这是因为专色通道中的信息是与 CMYK 或灰度通道中的信息是分离的。要想使用台式打印机正确地打印出图像，需要将专色融入图像中。

Photoshop 虽然支持专色通道，但是添加到专色通道的信息不会出现在任何图层上，甚至也不会显示在背景图层上。这时单击【通道】面板右边的下三角按钮，选择【合并专色通道】命令，使专色图像融入到图像中，如图 11-36 所示。

图 11-35　设置专色通道属性

11.3　通道应用

通过【通道】面板中的各种类型通道不仅能够提取局部图像，还能够进行色调改变。而通道的应用还体现在命令中——【应用图像】与【计算】命令，这两个命令是专门针对通道并配合混合模式等选项对图像进行色调调整以及选区建立。

● 11.3.1　【应用图像】命令

图 11-36　合并专色通道

图层中的混合模式只是针对图层之间的图像进行混合，而【应用图像】命令不仅可以进行图层之间的混合，还可以将一个图像（源）的通道和图层图像混合，从而得到意想不到的混合色彩。

例如，选择目标图像，执行【图像】|【应用图像】命令，选择源图像中的不同图层进行混合，得到两幅图像混合的彩色效果，如图 11-37 所示。

【应用图像】命令不但可以混合两张图片，而且还可以对单张图片的复合通道和单个通道进行混合，实现特殊的效果，如图 11-38 所示。

图 11-37　不同源图像应用

同图像红通道与复合通道混合　　　　同图像绿通道与复合通道混合　　　　同图像蓝通道与复合通道混合

图 11-38　同图像不同单色通道与复合通道混合

当然也可以将一幅图像的复合通道与另外一幅图像的单色通道进行混合，从而得到不同程度混合效果的图像，如图 11-39 所示。

异图像红通道与复合通道混合　　　　异图像绿通道与复合通道混合　　　　异图像蓝通道与复合通道混合

图 11-39　不同图像不同单色通道与复合通道混合

11.3.2 【计算】命令

对于边缘较为复杂的图像提取，首先想到的是通过副本颜色通道的亮度调整，得到强对比的灰度图像。这种方式的图像提取是通过手动方式进行操作的，具有随意性。

而【计算】命令是通过混合模式功能，混合两个来自一个或者多个源图像中的单色通道，然后将结果应用到新图像、新通道或现有的图像选区中。

比如，打开一个图像文档，执行【图像】|【计算】命令。在对话框中选择不同的单色通道并设置【混合模式】选项，得到新通道，如图 11-40 所示。

将通道载入选区后，按 Ctrl+J 快捷键复制选区中的图像。隐藏背景图层，会发现图片的局部已经抠取出来并呈现半透明效果，如图 11-41 所示。

图 11-40　创建新通道

图 11-41　提取图像

11.4 蒙版类型

Photoshop 中的蒙版可以将不同灰度色值转化为不同的透明度，并作用到它所在的图层，使图层不同部位透明度产生相应的变化。

其中，蒙版中的纯白色区域可以遮罩下面图层中的内容，显示当前图层中的图像；蒙版中的纯黑色区域可以遮罩当前图层中的图像，显示下面图层中的内容；蒙版中的灰色区域会根据其灰度值呈现出不同层次的透明效果。因此，用白色在蒙版中绘画的区域是可见的，用黑色绘画的区域将被隐藏，用灰色绘画的区域会呈现半透明效果，如图 11-42 所示。在 Photoshop 中蒙版包括快速蒙版、剪贴蒙版、图层蒙版与矢量蒙版等。

图 11-42　蒙版原理

11.4.1 快速蒙版

快速蒙版模式是使用各种绘图工具来建立临时蒙版的一种高效率方法。使用快速蒙版模式建立的蒙版，能够快速地转换成选择区域。

1. 创建快速蒙版

单击工具箱下方的【以快速蒙版模式编辑】按钮　，进入快速蒙版编辑模式。使用【自定形状工具】　在画布中单击并拖动，绘制出半透明红色图像，如图 11-43 所示。

单击工具箱下方的【以标准模式编辑】按钮　返回正常模式，半透明红色图像转换为选区。进行任意颜色填充后，发现原半透明红色图像区域被保护，如图 11-44 所示。

图 11-43　建立快速蒙版

2. 设置快速蒙版选项

默认情况下，在快速模版模式中绘制的任何图像均呈现红色半透明状态，并且代表被蒙版区域。

图 11-44　返回正常模式并填充

当快速蒙版模式中的图像与背景图像有所冲突时，可以通过更改【快速蒙版选项】对话框中的颜色值与不透明度值，来改变快速蒙版模式中的图像显示效果。方法是双击工具箱底部的【以快速蒙版模式编辑】按钮 或者【以标准模式编辑】按钮 ，打开【快速蒙版选项】对话框。设置其中的选项，这里设置的是【不透明度】选项得到的效果，如图11-45所示。

技巧

由于快速蒙版模式中的图像与标准模式中的选区为相反区域，要想使之相同需要启用【快速蒙版选项】对话框中的【所选区域】选项。这样才能够在标准模式中编辑选区中的图像。

图11-45　设置快速蒙版选项

3．编辑快速蒙版

虽然快速蒙版与选取工具均为临时选择工具，但是前者能够在相应的编辑模式中重复编辑。比如，使用【自定形状工具】 添加其他形状图形，如图11-46所示。

快速蒙版的优势还包括能够在选区中应用滤镜命令，使选区边缘更加复杂。比如，在快速蒙版编辑模式中执行【滤镜】|【模糊】|【径向模糊】命令，得到缩放选区，从而复制模糊效果的图像，如图11-47所示。

图11-46　添加其他形状图形

11.4.2　剪贴蒙版

剪贴蒙版主要是使用下方图层中图像的形状来控制其上方图层图像的显示区域。剪贴蒙版中下方图层需要的是边缘轮廓，而不是图像内容。

图11-47　为快速蒙版图像添加滤镜效果

1．创建剪贴蒙版

当【图层】面板中存在两个或者两个以上图层时，即可创建剪贴蒙版。一种方法是选中上方图层，执行【图层】|【创建剪贴蒙版】命令（快捷键Ctrl+Alt+G），该图层会与其下方图层创建剪贴蒙版；另外一种方法是按住Alt键，在选中图层与相邻图层之间单击，创建剪贴蒙版，如图11-48所示。

图11-48　创建剪贴蒙版

剪贴蒙版创建后，发现下方图层名称带有下划线；而上方图层的缩览图是缩进的，并且显示一个剪贴蒙版图标，画布中图像的显示也会随之变化，如图 11-49 所示。

2. 编辑剪贴蒙版

创建剪贴蒙版后，还可以对其中的图层进行编辑，比如移动图层、设置图层属性以及添加图像图层等操作，从而更改图像效果。

❑ 移动图层

在剪贴蒙版中，两个图层中的图像均可以随意移动。例如，移动下方图层中的图像，会在不同位置显示上方图层中不同区域的图像；如果移动的是上方图层中的图像，那么会在同一位置显示该图层中不同区域的图像，并且可能会显示出下方图层中的图像，如图 11-50 所示。

❑ 设置图层属性

在剪贴蒙版中，可以通过设置图层的【不透明度】选项，或者设置图层的【混合模式】选项，来改变图像效果。设置不同的图层，可以显示不同的图像效果。

设置剪贴蒙版中下方图层的【不透明度】选项，可以控制整个剪贴蒙版组的不透明度；而调整上方图层的【不透明度】选项，只是控制其自身的不透明度，不会对整个剪贴蒙版产生影响，如图 11-51 所示。

设置上方图层的【混合模式】选项，可以使该图层图像与下方图层图像融合为一体；如果设置下方图层的【混合模式】选项，必须在剪贴蒙版下方放置图像图层，这样才能够显示出混合模式效果；同时设置剪贴蒙版中两个图层的【混合模式】选项时，会得到两个图层的叠加效果，如图 11-52 所示。

图 11-49　　剪贴蒙版效果

图 11-50　　移动图像的不同效果

图 11-51　　设置【不透明度】选项

设置上方图层为叠加模式

设置下方图层为叠加模式

设置两个图层均为叠加模式

图 11-52　　设置【混合模式】选项

剪贴蒙版中的两个图层均设置了【混合模式】选项，并隐藏剪贴蒙版组下方图层时，效果与单独设置上方图层时相同。

❑ **添加图像图层**

剪贴蒙版的优势就是形状图层可以应用于多个图像图层，从而分别显示相同范围中的不同图像。创建剪贴蒙版后，将其他图层拖至剪贴蒙版中即可，如图 11-53 所示。这时，可以通过隐藏其他图像图层显示不同的图像效果。

图 11-53　添加图像至剪贴蒙版中

11.4.3　图层蒙版

图层蒙版之所以可以精确、细腻地控制图像显示与隐藏的区域，是因为图层蒙版是由图像灰度来决定图层的不透明度的。

1．创建图层蒙版

创建图层蒙版有多种途径。其中最简单的方法为直接单击【图层】面板底部的【添加图层蒙版】按钮 ▢，或单击【蒙版】面板右上角的【添加像素蒙版】按钮▢，即可为当前普通图层添加图层蒙版，如图 11-54 所示。

如果画布中存在选区，直接单击【添加图层蒙版】按钮 ▢。在图层蒙版中，选区内部呈白色，选区外部呈黑色。这时黑色区域被隐藏，如图 11-55 所示。

图 11-54　添加图层蒙版

直接单击【添加图层蒙版】按钮 ▢，添加的是显示全部的图层蒙版；按住 Alt 键单击该按钮，添加的是隐藏全部的图层蒙版。当画布中存在选区时，如果按住 Alt 键单击【添加图层蒙版】按钮 ▢，那么选区内部为隐藏区域，选区外部为显示区域。

图 11-55　为选区建立图层蒙版

2．调整图层蒙版

无论是单独创建图层蒙版还是通过选区创建，均能够重复调整图层蒙版中的灰色图像，从而改变图像显示效果。

❑ **移动图层蒙版**

图层蒙版中的灰色图像与图层中的图像为链接关系，也就是说，无论是移动前者还是后者，均会出现相同的效果。如果单击【指示图层蒙版链接到图层】图标█，使图层蒙版与图层分离，这时无论是移动图层中的图像，还是移动蒙版中的灰色图像，均会使显示范围与图像错位，如图 11-56 所示。

❑ 停用与启用图层蒙版

通过图层蒙版编辑图像，只是隐藏图像的局部，并不是删除，所以随时可以还原图像原来的效果。比如右击图层蒙版缩览图，选择【停用图层蒙版】命令，或单击【蒙版】面板底部的【停用/启用蒙版】按钮█，即可显示原图像效果，如图 11-57 所示。

图 11-56　移动蒙版图像

提 示

要想返回图层蒙版效果，只要右击图层蒙版缩览图，选择【启用图层蒙版】命令，或者直接单击图层蒙版缩览图即可。

❑ 复制图层蒙版

当图像文档中存在两幅或者两幅以上图像时，还可以将图层蒙版复制到其他图层中，以相同的蒙版显示或者隐藏当前图层内容。方法是按住 Alt 键，单击并拖动图层蒙版至其他图层。释放鼠标后，在当前图层中添加相同的图层蒙版，如图 11-58 所示。

图 11-57　停用图层蒙版

技 巧

如果需要对当前图层执行源蒙版的反相效果，则可以选择蒙版缩览图，按住 Shift+Alt 组合键拖动鼠标到需要添加蒙版的图层，这时当前图层添加的是颜色相反的蒙版。

图 11-58　复制图层蒙版

在图层蒙版中再次编辑灰色图像时，在画布中只能查看灰色图像应用于彩色图像后的最终效果。要想查看图层蒙版中的灰色图像效果，需要按住 Alt 键单击图层蒙版缩览图，进入图层蒙版编辑模式，画布显示图层蒙版中的图像，如图 11-59 所示。

图 11-59　编辑图层蒙版图像

通过显示图层蒙版编辑模式，还可以将外部图像复制到其中，呈现更为细致的图像显示效果。例如，全选外部图像并复制后，按住 Alt 键单击空白图层蒙版，进入图层蒙版编辑模式，然后粘贴，使灰色图像显示在图层蒙版中，再次返回正常模式后，将显示细微的隐藏效果，如图 11-60 所示。

❑ **浓度与羽化**

为了柔化图像边缘，会在图层蒙版

图 11-60 通道与图层蒙版

中进行模糊，从而改变灰色图像。为了减少重复操作，可以使用【蒙版】面板中的【羽化】或者【浓度】选项。

当图层蒙版中存在灰色图像时，在【蒙版】面板中向左拖动【浓度】滑块，蒙版中黑色图像逐渐转换为白色，而彩色图像被隐藏的区域逐渐显示，如图 11-61 所示。

【浓度】为 70%　　　　　　　【浓度】为 50%　　　　　　　【浓度】为 30%

图 11-61 不同【浓度】参数值

在【蒙版】面板中，向右拖动【羽化】滑块，灰色图像边缘被羽化，而彩色图像由外部向内部逐渐透明，如图 11-62 所示。

【羽化】为 40%　　　　　　　【羽化】为 100%　　　　　　　【羽化】为 250%

图 11-62 不同【羽化】参数值

3．图层蒙版与滤镜

图层蒙版与滤镜具有相辅相成的关系。在图层蒙版中能够应用滤镜效果；而在智能滤镜中则可以编辑滤镜效果蒙版来改变滤镜效果。

❑ **在蒙版中应用滤镜**

图层蒙版中的灰色图像同样可以应用滤镜效果，只是得到的最终效果呈现在图像显示效果中，而不是直接应用在图像中。

在具有灰色图像的图层蒙版中，执行【滤镜】|【风格化】|【风】命令，灰色图像发生变化的同时，彩色图像的显示效果也同时改变，如图 11-63 所示。

❑ **智能滤镜中的图层蒙版**

滤镜效果的范围显示可以通过滤镜蒙版来改变，而滤镜蒙版必须在智能滤镜的基础上添加。首先执行【滤镜】|【转换为智能滤镜】命令，将其转换为智能对象，然后执行【风】滤镜命令，如图 11-64 所示。

这时可以在智能对象下方图层蒙版中编辑，比如填充黑白渐变能够控制滤镜效果的显示范围，如图 11-65 所示。

图 11-63 　为图层蒙版添加滤镜效果

图 11-64 　转换为智能滤镜

图 11-65 　编辑图层蒙版

11.4.4　矢量蒙版

矢量蒙版是与分辨率无关的蒙版，它是通过钢笔工具或者形状工具创建路径，然后以矢量形状控制图像可见区域的。

1．创建矢量蒙版

矢量蒙版包括多种创建方法，不同的创建方法会得到相同或不同的图像效果。

❑ **创建空白矢量蒙版**

选中普通图层，单击【蒙版】面板右上方的【添加矢量蒙版】按钮 ，在当前图层中添加显示全部的矢量蒙版；如果按住 Alt 键单击该按钮，即可添加隐藏全部的矢量蒙版，如图 11-66 所示。

然后选择某个路径工具，在工具选项栏中启用【路径】功能 ，在画布中建立路径，图像即

图 11-66 　添加矢量蒙版

可显示路径区域，如图11-67所示。

❑ **以现有路径创建矢量蒙版**

选择路径工具，在画布中建立任意形状的路径。然后单击【蒙版】面板中的【添加矢量蒙版】按钮📰，即可创建带有路径的矢量蒙版，如图11-68所示。

❑ **创建形状图层**

路径中的形状图层是结合矢量蒙版创建矢量图像的。比如选择某个路径工具后，启用工具选项栏中的【形状图层】功能🔲，直接在画布中单击并拖动鼠标，在【图层】面板中自动新建具有矢量蒙版的形状图层，如图11-69所示。

2．编辑矢量蒙版

创建矢量蒙版后，还可以在其中编辑路径，从而改变图像的显示效果。矢量蒙版编辑既可以改变路径形状，也可以设置显示效果。

❑ **编辑蒙版路径**

在默认情况下，无论创建的空白矢量蒙版是显示全部状态，还是隐藏全部状态，当创建形状路径后，均是形状内部为显示，形状外部为隐藏。

这时要想显示路径以外的区域，可以使用【路径选择工具】▶选中该路径后，在工具选项栏中启用【从形状区域减去】功能🔲即可，如图11-70所示。

在现有的矢量蒙版中要想扩大显示区域，最基本的方法就是使用【直接选择工具】▶选中其中的某个节点删除即可，如图11-71所示。

图 11-67　添加矢量路径

图 11-68　为路径添加矢量蒙版

图 11-69　创建形状图层

图 11-70　显示路径外图像

图 11-71　删除路径节点

还有一种方法是在现有路径的基础上添加其他形状路径，来扩充显示区域。方法是选择任意一个路径工具，启用工具选项栏中的【添加到路径区域】功能，在画布空白区域建立路径，如图 11-72 所示。

提 示

当建立矢量蒙版后，【路径】面板中会自动创建当前图层的矢量蒙版路径。如果该面板中还包括其他路径，那么可以将其合并到矢量蒙版路径中。

图 11-72　添加矢量路径

❑ **改变显示效果**

在 Photoshop CS5 中，要想对矢量蒙版添加羽化效果，不需要再借助图层蒙版，而是直接调整【蒙版】面板中的【羽化】选项即可。

选中矢量蒙版，在【蒙版】面板中向右拖动【羽化】滑块，得到具有羽化效果的显示效果；如果向左拖动【浓度】滑块，路径外部区域的图像就会逐渐显示，如图 11-73 所示。

图 11-73　【浓度】与【羽化】选项

11.5　调整图层

无论是在画布中填充颜色还是改变图像的颜色，均会破坏原始图像的效果以及图像信息。Photoshop 中的调整图层是将颜色调整命令或填充命令与图层蒙版结合，形成控制下方图层效果的修改图层。

11.5.1　创建调整图层

Photoshop 的修改图层功能中，包括了填充图层和调整图层两个功能类型，它们提供了处理图像的多个途径。

1. 填充图层

填充图层功能是在图像中填充单色、渐变颜色或者图案来改变图像效果。方法是在【图层】面板底部单击【创建新的填充或调整图层】按钮，在弹出的菜单中选择【纯色】命令，在创建填充调整图层的同时，选择需要设置的颜色，设置调整图层属性后图像效果将会发生变化。

选择【纯色】命令后，在创建"颜色填充 1"图层的同时打开【拾取实色】对话框，选取一种颜色后设置该图层的【混合模式】选项，使之与背景图层中的图像融为一体，如图 11-74 所示。

图 11-74　创建填充图层

选择渐变颜色填充与图案填充，在创建"渐变填充 1"图层与"图案填充 1"图层的同时，打开相应的对话框，与普通的填充渐变操作相同，同样可以填充，完成后设置【混合模式】选项，与背景图层中的图像相融，如图 11-75 所示。

2. 调整图层

调整图层的功能是将颜色调整命令中的参数以修改图层的方式保留在【图层】面板中，形成调整图层来改变图像效果，如图 11-76 所示。

> **注 意**
>
> 无论是填充图层还是调整图层，图像的最终效果发生变化，但是背景图层中的原图像并没有任何改变。如果将填充图层和调整图层隐藏，那么图像就会返回到原始效果。

图 11-75 图案填充效果

11.5.2 通过【调整】面板查看改变效果

调整图层是一种特殊的图层，它本身并不包括任何真实的像素，而是记录图像调整命令的参数，它只作用于调整图层下的所有应用图层。【调整】面板中提供了重复操作与查看源图像的快捷方法，这样使得修改调整图层参数可依据图像变化来调整。

图 11-76 添加调整图层

1. 创建调整图层

调整图层中的所有子命令均可以在【图像】|【调整】菜单中找到。在默认情况下，使用【新建调整图层】中的命令与使用【图像】|【调整】菜单中的命令，得到的效果是相同的。只是调整图层可以随时更改命令中的参数，以改变最终效果。

在【调整】面板中单击【创建新的色彩平衡调整图层】图标，在创建调整图层的同时，相应的命令对话框打开，参数设置完成后图像效果发生变化，如图 11-77 所示。

图 11-77 创建调整图层

2．查看源图像

在设置【调整】面板中的参数时，图像效果同时发生相应的变化。在【调整】面板中要想查看源图像效果，有两种方法。一种是单击【切换图层可见性】按钮，隐藏调整图层，如图 11-78 所示。

图 11-78　隐藏调整图层

另外一种方法是通过查看上一状态查看源文件。当第一次设置参数后，按住【查看上一状态】按钮，图像显示源图像效果，释放鼠标返回设置效果。当再次设置颜色参数后，按住【查看上一状态】按钮，图像显示上一次设置的效果，如图 11-79 所示。

图 11-79　查看上一状态

3．复位与删除调整图层

要想重新设置颜色参数，可以单击面板中的【复位】按钮，这时还原图像效果，保留调整图层，如图 11-80 所示。

提 示

> 如果面板中进行了两次或者两次以上的设置，那么【复位】按钮具有两个功能。第一次单击【复位】按钮，参数返回到上一次设置状态。

图 11-80　复位参数

4．转换调整图层内容

调整图层是记录颜色调整命令中的参数，所以可以随时更改设置好的参数来改变调整效果。

在彩色图像文档中，在图层面板底部单击【创建新的填充或调整图层】按钮，为其创建"色相/饱和度 1"调整图层，调整相应的色相参数，图像颜色信息会发生相应的变化，如图 11-81 所示。

提 示

> 在弹出的调整命令菜单中，除【反相】命令外，选择其余的调整命令调整图像，均可打开相应的对话框并可设置更改其参数。

图 11-81　添加并设置调整图层

调整后的图像效果并不是一成不变的，执行【图层】|【图层内容选项】命令或直接双击调整图层的图层缩览图，再次打开【色相/饱和度】对话框，重新设置不同的色相，图像的颜色信息将发生变化，如图 11-82 所示。

提 示

无论设置多少个不同参数，在【图层】调板中始终只有一个调整图层，调整的参数信息都保存在这个调整图层中，图像依据参数发生相应的变化。

○ 图 11-82　改变调整参数

11.5.3　限制调整图层影响的范围

创建的调整图层本身带有一个图层蒙版，在默认情况下，创建的是显示全部的图层蒙版，是对整个画布进行调整的。如果想对局部进行调整，则可以通过不同的方式来实现，比如选区、路径、剪贴蒙版与图层组等。

1．通过选区限制范围

图像中存在选区时创建调整图层，选区的范围会自动转换到调整图层的图层蒙版中，选区的颜色将被填充为白色，如图 11-83 所示。

在调整面板中设置调整的参数，图像调整的效果将被运用在图层蒙版的白色区域内，如图 11-84 所示。

如果在【蒙版】面板中单击【停用/启用蒙版】按钮，选择【停用图层蒙版】命令，那么调整图层中设置的参数会应用到整个图像中，如图 11-85 所示。

图像文档中包含多个图层时，调整图层是针对其下方的所有图层，所以同样可以通过选区来调整多个图层中的图像，如图 11-86 所示。

○ 图 11-83　建立选区

2．通过路径限制范围

默认情况下创建的调整图层，自带的是图层蒙版，如果画布中已经建立了闭合式路径，那么创建的调整图层中的蒙版则变成矢量蒙版，如图 11-87 所示。

○ 图 11-84　通过选区限制范围

图 11-85 停用图层蒙版

图 11-86 同范围限制不同图像

提 示

创建带有矢量蒙版的调整图层后,【路径】面板中会新建一个临时路径。使用【直接选择工具】 可以对矢量蒙版中的路径进行修改,调整图层的范围也会随之改变。

3. 通过剪贴蒙版限制范围

如果一个图层包含透明像素与不透明像素,则可以通过剪贴蒙版对该图层中的不透明像素进行单独调整。

首先在包含透明像素与不透明像素的图

图 11-87 通过路径限制范围

像中创建调整图层,并设置调整参数。图像中的所有图层都发生了相应的变化,如图 11-88 所示。

选择调整图层,按住 Alt 键在与其下方的图层之间单击,形成剪贴蒙版,这时调整图层设置的参数只作用于"图层 1",如图 11-89 所示。

图 11-88 添加调整图层

图 11-89 建立剪贴蒙版

11.5.4 控制调整图层的调整强度

通过调整图层改变原图像效果后,其强度是相同的,这时可以通过调整图层的【不透明度】、【混合模式】与【图层样式】选项来控制其强度。

1. 调整图层不透明度

调整图层本身具有【不透明度】选项，通过降低其不透明度，逐渐减少调整后的效果，随之显示原图像效果，从而减轻调整效果的强度，如图 11-90 所示。

【不透明度】为 70%　　　　　【不透明度】为 50%　　　　　【不透明度】为 20%

图 11-90　设置不同的【不透明度】参数

2. 调整图层混合模式

混合模式是用来设置图层的混合效果以增强和改善图像效果，在调整图层中也可以使用混合模式，通过它来改善调整效果，如图 11-91 所示。

【正片叠底】混合模式　　　　　【滤色】混合模式　　　　　【叠加】混合模式

图 11-91　设置不同的【混合模式】选项

3. 调整图层样式

调整图层除了基本的【不透明度】和【混合模式】等属性外，还具有普通图层的【图层样式】功能。在调整图层中添加某些图层样式可以创建特殊效果。依据调整图层与图层样式结合得到的效果文档比使用其他方法得到同样效果的文档大小要小得多，如图 11-92 所示。

注　意

调整图层与普通图层一样，也可以合并图层，但是有些调整图层的合并图层会影响整个图像的效果。所以调整图层不能作为合并的目标图层，也就是说选中普通图层后，若其下方为调整图层，则无法执行【向下合并】命令。

图 11-92　添加【颜色叠加】样式

本例制作在瓶子里游泳的海豚，效果如图 11-93 所示。在制作的过程中，首先利用通道抠出瓶子图像，再添加图层蒙版修饰瓶子的高光。然后利用颜色调整命令调整海豚的色调。为水素材添加图层蒙版，并使用【画笔工具】✐修饰边缘，最后为瓶子制作阴影部分，完成制作。

操作步骤：

1　新建 1024×768 像素的空白文档，导入瓶子素材。使用【钢笔工具】✐沿瓶子绘制路径，按 Ctrl+Enter 快捷键将路径转换为选区，如图 11-94 所示。

图 11-93　在瓶子里游泳的海豚

图 11-94　抠出瓶子图像

图 11-95　复制瓶子

> **提　示**
>
> 先选择瓶子图层，按 Ctrl+T 快捷键，在工具选项栏中设置旋转角度为 90°。

2　按 Ctrl+J 快捷键将瓶子复制一层，命名为"高光"，隐藏"瓶子"图层，如图 11-95 所示，切换到【通道】面板。

3　在【通道】面板中，复制蓝通道，选择"蓝副本"通道，按 Ctrl+M 快捷键打开【曲线】对话框，调整曲线，调出瓶子的高光，如图 11-96 所示。

图 11-96　调整曲线

4 载入"蓝副本"通道的选区，返回【图层】面板，选择"高光"图层，单击面板底部的【添加图层蒙版】按钮 ，添加蒙版。使用【画笔工具】 在高光区域涂抹，绘制出瓶子的高光，如图 11-97 所示。

图 11-97　绘制高光

> **提　示**
>
> 显示"瓶子"图层，设置"瓶子"图层的【混合模式】为【整片叠底】，【不透明度】为 70%。

5 新建"瓶子"图层组，将"瓶子"和"高光"图层拖入该组中。导入素材"水"，载入瓶子选区，为"水"图层添加图层蒙版，如图 11-98 所示。

图 11-98　为"水"图层添加图层蒙版

6 设置前景色为白色，使用【画笔工具】 在瓶子区域涂抹，修饰"水"素材，如图 11-99 所示。

7 在工具箱中选择【钢笔工具】 ，在画布中绘制路径，转换为选区后，按 Delete 键

将选区中的内容删除，如图 11-100 所示。

图 11-99　修饰"水"素材

图 11-100　删除部分水素材

8 在"瓶子"图层组上方新建图层，设置前景色为深蓝色，在瓶子的底部和瓶口绘制高光。设置图层的【混合模式】为【颜色】如图 11-101 所示。

图 11-101　绘制瓶子的高光

9 导入"海豚"素材，使用【钢笔工具】抠出海豚图像。按 Ctrl+T 快捷键将其等比例缩小为 35％，放到合适的位置，如图 11-102 所示。

图 11-102 导入"海豚"素材

10 单击面板底部的【创建新的填充或调整图层】按钮，执行【曲线】命令，调整曲线，如图 11-103 所示。

图 11-103 调整曲线

11 右击"曲线"图层，执行【创建剪切蒙版】命令，创建剪切蒙版。按相同的方法，再使用【曲线】命令，调整曲线，如图 11-104 所示。

提 示

使用【曲线】命令后，选择曲线的蒙版，使用【画笔工具】涂抹出海豚的暗部和高光。

12 利用【色相/饱和度】命令设置【色相/饱和度】参数，使用【画笔工具】涂抹海豚背部，如图 11-105 所示。

图 11-104 创建剪切蒙版

图 11-105 设置【色相/饱和度】参数

提 示

在剪切蒙版上方新建图层，填充深蓝色，添加蒙版后，使用【画笔工具】涂抹出海豚腹部的反光区域。

13 选择"海豚"图层，设置其【混合模式】为【叠加】，如图 11-106 所示。新建"海豚"图层组，将"海豚"图层以及创建的剪切蒙版拖入该图层组中。

14 在背景图层上方新建图层，设置填充颜色为 #d7eeff，使用【油漆桶工具】填充颜色，如图 11-107 所示。

15 新建图层，设置前景色为#82C4FA，进行填充。添加图层蒙版，使用【渐变工具】，填充黑白线性渐变，如图 11-108 所示。

图 11-106 　设置混合模式

图 11-107 　填充颜色

图 11-108 　添加图层蒙版

16 新建图层，使用【矩形选框工具】□绘制矩形，填充颜色。按相同的方法添加蒙版，绘制渐变效果，如图 11-109 所示。

设置图层的【混合模式】为【正片叠底】，【不透明度】为 75％。打开【高斯模糊】对话框，设置半径为 8 像素，模糊渐变效果。

图 11-109 　绘制矩形选区

17 单击面板底部的【创建新的填充或调整图层】按钮 ○.，执行【色相/饱和度】命令，设置【色相】为-10，【饱和度】为-46，【明度】为-7，如图 11-110 所示。

图 11-110 　调整【色相/饱和度】参数

提　示

载入"水"选区，为其添加曲线层，适当调整曲线，使水颜色加深。

18 载入"瓶子"选区，在"瓶子"图层组下方新建图层，填充黑色。按 Ctrl+T 快捷键压缩其高度。使用【画笔工具】 ╱绘制阴影，如图 11-111 所示。

19 复制"瓶子"图层组，将其水平翻转，移动到合适的位置。为"瓶子副本"图层组添加图层蒙版，使用【渐变工具】 ▪添加黑白线性渐变，绘制倒影，如图 11-112 所示。

图 11-111 绘制瓶子的阴影

图 11-112 绘制瓶子倒影

20 在所有图层上方新建图层，填充具有透明度的渐变颜色，设置图层的【混合模式】为【柔光】，并添加图层蒙版，修饰光效果，完成水中游泳的海豚效果的制作，如图 11-113 所示。

图 11-113 添加光效果

11.7 课堂练习：制作街舞海报

本例制作一张炫彩的街舞海报，效果如图 11-114 所示。在制作的过程中，利用【计算】命令制作出人物腰部光芒四射的效果。添加眩光素材，设置图层的混合模式，增加画面的动感。最后添加文字，完成街舞海报的制作。

图 11-114 街舞海报

Photoshop CS5 中文版图像处理标准教程

操作步骤：

1. 新建768×1024像素的空白文档，按Ctrl+O快捷键导入背景素材和人物素材，将人物素材放在最上方，如图11-115所示。

图 11-115　导入素材

2. 选择"图层 2"，执行【图像】|【计算】命令，在打开的对话框中，设置源 1 的图层为"图层 2"，源 2 的图层为"图层 1"。设置【混合模式】为【叠加】，如图11-116所示。

图 11-116　设置【计算】参数

提　示

在【计算】对话框中，设置结果为【新建通道】，在通道面板中可新建 Alpha 1 通道。

3. 在【通道】面板中，选择 Alpha 1 通道，按 Ctrl+A 快捷键全选，再按 Ctrl+C 快捷键进行复制，如图11-117所示。切换到图层面板，新建图层，按 Ctrl+V 快捷键粘贴。

4. 在【图层】面板中，设置其【混合模式】为【滤色】。新建"色相/饱和度"调整图层，设置【饱和度】为60，如图11-118所示。

图 11-117　复制 Alpha 1 通道

图 11-118　设置【色相/饱和度】参数

5. 添加"亮度/对比度"调整图层，设置【对比度】为 20。再添加"色彩平衡"调整图层，设置【黄色】为 10，如图11-119所示。

图 11-119　添加调整图层

6. 导入"光影 1"素材，使用【魔棒工具】设置【容差】为 100，删除黑色背景，设置其【混合模式】为【滤色】，如图 11-120

所示。

图 11-120　　设置【混合模式】

提　示

按 Ctrl+D 快捷键取消选区，再按 Ctrl+T 快捷键设置其等比例缩放为 60%，按 Enter 快捷键结束变换，移动到人物脚的位置。

7　单击【图层】面板底部的【添加图层蒙版】按钮 ⬚，添加图层蒙版。使用【画笔工具】✐在光影和脚的连接处涂抹，如图 11-121 所示。

图 11-121　　添加图层蒙版

8　按照相同方法导入"光影 2"素材，抠出光影部分，并设置【混合模式】为【滤色】，将其放到左上角，如图 11-122 所示。

提　示

按 Ctrl+T 快捷键，在工具选项栏中，设置旋转角度为-90°，将"光影 2"素材进行旋转。

9　在工具箱中选择【横排文字工具】 T，输

入"街舞派对"文本，设置文本格式。双击文本图层，打开【图层样式】对话框，启用【投影】样式，设置【不透明度】为 50%，【角度】为 120 度，【距离】为 10 像素，大小为 3 像素，如图 11-123 所示。

图 11-122　　添加设置"光影 2"素材

图 11-123　　添加【投影】样式

10　再使用文本工具输入文本，添加【投影】和【外发光】样式，设置参数。然后保存文件，完成街舞海报的制作，如图 11-124 所示。

图 11-124　　设置图层样式

一、填空题

1．专色通道和_____通道不能移动到各原色通道的上方，除非这个图像模式转换为_____颜色模式。

2．Photoshop 中的蒙版包括快速蒙版、_____、图层蒙版和_____。

3．_____命令是通过混合模式功能混合两个来自一个或者多个源图像中的单色通道，然后将结果应用到新图像、新通道或现有的图像选区中。

4．滤镜命令可以应用于_____。

5．通过图层的【混合模式】选项或_____选项可以降低调整图层的强度。

二、选择题

1．单击【通道】面板底部的_____按钮，能够将画布中的选区保存至新建通道中。

　　A．【将通道作为选区载入】 ⭕

　　B．【将选区存储为通道】 ▣

　　C．【创建新通道】 ◩

　　D．【删除当前通道】 🗑

2．要将通道中的图像内容转换为选区，可以_____。

　　A．按住 Ctrl 键的同时单击通道缩览图

　　B．按住 Shift 键的同时单击通道缩览图

　　C．按住 Alt 键的同时单击通道缩览图

　　D．以上都不正确

3．专色是_____输出彩色画面时采用的方法。

　　A．扫描仪　　　　B．显示器

　　C．打印机　　　　D．数码相机

4．_____蒙版的前提是必须具有透明区域的图层。

　　A．快速蒙版　　　B．剪贴蒙版

　　C．图层蒙版　　　D．矢量蒙版

5．创建_____能够在不破坏原图像信息的基础上改变图像效果。

　　A．文本图层　　　B．图层样式

　　C．普通图层　　　D．调整图层

三、问答题

1．如何将通道的图像以选区的形式显示在画布中？

2．复制通道与复制通道颜色有何区别？

3．【应用图像】与【计算】命令有何区别？

4．什么图层可以作为剪贴蒙版中的下方图层？

5．矢量蒙版与图层蒙版如何同时使用？

四、上机练习

1．通过通道变换图像色调

通过复制颜色通道，能够得到不同色调的图像效果。将红通道复制到蓝通道后得到的色彩变换效果，如图 11-125 所示。

◯ **图 11-125**　通过通道变换图像色调

2．无破坏提取图像

要无破坏地提取图像，可以采用图层蒙版的方式。方法是根据图像的色调显示，使用【磁性套索工具】🔗 或通道建立主题图像的选区，然后将背景图层转换为普通图层。接着单击【图层】面板底部的【添加图层蒙版】按钮 ▣ ，即可隐藏选区以外的图像，得到主题图像，如图 11-126 所示。

◯ **图 11-126**　无破坏提取图像

第 12 章

Photoshop 特效

　　平面作品中的效果不仅能够通过色彩调整命令、通道与蒙版来实现，还可以通过 Photoshop 中的特效来实现，比如滤镜命令、动画功能以及三维空间功能。这些特效命令不仅能够将照片效果的图像制作成绘画效果，将静止的图像制作成动画效果，还能够将二维对象转换为三维对象，制作出具有三维空间的效果。

　　在该章节中，主要了解 Photoshop 中的各种滤镜命令的使用方法、各种动画效果的制作方法以及将二维对象转换为三维对象的创建方法。

　　本章学习要点：

> ➢ 滤镜使用方法
> ➢ 滤镜分类
> ➢ 各种动画
> ➢ 三维对象

滤镜命令可以自动地对一幅图像添加效果，在滤镜命令中，大致上分为三类：校正性滤镜、破坏性滤镜与效果性滤镜。虽然滤镜效果各不相同，但是使用方法与操作技巧基本相似。

12.1.1 滤镜使用方法

当从滤镜菜单中选择一个命令，Photoshop 将相应的滤镜应用到当前图层的图像中。在接触滤镜命令之前，首先来了解滤镜的操作技巧以及注意事项。

1. 滤镜基本操作

Photoshop 本身带有许多滤镜，其功能各不相同，但是所有滤镜都有相同的特点，只有遵守这些规则，才能准确有效地使用滤镜功能。

首先是 Photoshop 会针对选区范围进行滤镜处理，如果图像中没有选区，则对整个图像进行处理，并且只对当前图层或者通道起作用，如图 12-1 所示。

图 12-1　滤镜应用到选区内与整个图像的对比效果

技 巧

只对局部图像进行滤镜处理时，可以将选区范围羽化，使处理的区域与原图像自然地结合，减少突兀的感觉。

2. 滤镜库

自从 Photoshop 引入滤镜库命令后，对很多滤镜提供了一站式访问。这是因为在滤镜库对话框中包含 6 组滤镜，这样在执行滤镜命令时，特别是想对一幅图像尝试不同效果时，就不用在滤镜之间跳来跳去，而是在同一个对话框中设置不同的滤镜效果。要访问滤镜库，可以执行【滤镜】|【滤镜库】命令，打开如图 12-2 所示对话框，滤镜库对话框名称是跟随选择滤镜的名称而定的。

使用滤镜库可以非常方便、直观地为图像添加滤镜。该对话框的中间部分是用来访问滤镜本身的，滤镜按照【滤镜】菜单的子命令中的位置分别放置在不同文件夹中，单击某个文件夹即可显示该滤镜组中的滤镜缩略图，再次单击缩略图即可应用该滤镜。

提 示

应用滤镜后，还可以在对话框右侧重新设置该滤镜参数，从而得到不同的效果。

滤镜库最大的特点在于应用滤镜的显示方式与图层相同。默认情况下，滤镜库中只有一个效果图层，单击不同的滤镜缩略图，效果图层会显示相应的滤镜命令，如图 12-3

所示。

图 12-2 【滤镜库】对话框

要是想在保留滤镜效果的同时，添加其他滤镜，可以单击右下角的【新建效果图层】按钮，创建与当前相同滤镜的效果图层，然后单击应用其他滤镜即可，如图 12-4 所示。

图 12-3 效果图层

图 12-4 新建效果图层

只要选中效果图层，单击【删除效果图层】按钮 🗑 即可删除建立的效果图层。但是当只有一个效果图层时，该按钮是不可用的。

当建立多个效果图层后，得到的是其中和效果。但是效果图层的堆放顺序决定最终图像的显示效果，改变效果图层堆放顺序的方法非常简单，就是单击并拖动图层放置在其他效果图层的上方或者下方即可，如图 12-5 所示为不同堆放顺序得到的不同效果。

3. 渐隐滤镜

在执行滤镜命令之后，如果想在不改变滤镜参数的情况下，降低图像效果强度，最简单的方法就是执行

图 12-5 不同效果图层顺序得到的图像效果

【渐隐】命令。【渐隐】命令允许将应用滤镜后的图像与原始图像进行叠加。

要执行【渐隐】命令，必须在执行某个滤镜命令之后，并且【渐隐】命令显示为渐隐该滤镜名称。比如在执行了【滤镜】|【扭曲】|【水波】命令之后，图像变为如图 12-6 所示的效果。

紧接着执行【编辑】|【渐隐水波】命令，如图 12-7 所示，其中包括【不透明度】与【模式】选项。在设置了【不透明度】选项为 50%后，图像发生变化。

图 12-6 执行【水波】滤镜

图 12-7 【渐隐】对话框

如果是在【渐隐】对话框中设置了【模式】为【颜色加深】，那么图像效果会呈现不同的效果，如图 12-8 所示。

4. 智能滤镜

虽然滤镜库中的效果图层可以为同一个图像添加两个以上的滤镜效果，但是只限于在滤镜库对话框中。一旦关闭滤镜库对话框，所作用的图像将无法再次查看混合滤镜中的单

图 12-8 设置渐隐模式

个效果，智能滤镜功能解决了这一问题。

在执行滤镜命令之前，首先执行【滤镜】|【转换为智能滤镜】命令，当前图层缩览图中出现智能对象图标，背景图层转换为智能图层，如图12-9所示。

图 12-9　转换为智能滤镜

提 示

滤镜中的【转换为智能滤镜】命令与图层中的【转换为智能对象】命令相似，同样是将普通图层转换为智能图层，并且可以在同一个智能图层中同时进行【滤镜】与【变换】命令。

接着执行【滤镜】|【扭曲】|【波纹】命令，完成设置后，智能图层出现滤镜效果图层，如图12-10所示。

继续执行【滤镜】|【纹理】|【染色玻璃】命令，发现滤镜效果图层中出现相对应的滤镜效果名称，如图12-11所示。

图 12-10　添加滤镜

图 12-11　再次添加滤镜效果

这时发现滤镜效果名称左侧带有眼睛图标，隐藏其中一个眼睛图标，相应的滤镜效果被隐藏，最终滤镜效果发生变化，如图12-12所示。

智能滤镜与图层样式相同，同样可以双击滤镜效果命令，再次设置滤镜参数，替换原来的效果，如图12-13所示。

图 12-12　隐藏滤镜效果

图 12-13　更改滤镜效果

因为使用多个滤镜命令，得到的是其混合效果。所以智能滤镜效果既可以隐藏，也可以调换之间的顺序来更改混合效果，如图12-14所示。

以上所有都是在智能滤镜图层中操作的结果，在创建滤镜效果图层后，还添加了滤镜效果蒙版。单击滤镜效果蒙版缩览图使其进入工作状态，即可像图层蒙版一样进行操作，来控制滤镜的作用范围，如图12-15所示。

图 12-14　调换顺序

图 12-15　滤镜效果蒙版

12.1.2　校正性滤镜

校正性滤镜是用于修正扫描所得的图像，以及为打印输出图像进行修饰调整。多数情况下，它的效果非常细微，如图 12-16 所示。

动感模糊　　　　　　　高斯模糊　　　　　　　径向模糊

USM 锐化　　　　　　　锐化边缘　　　　　　　智能锐化

添加杂色　　　　　　　中间值　　　　　　　蒙尘与划痕

图 12-16　校正性滤镜效果

12.1.3　破坏性滤镜

　　破坏性滤镜能产生很多意想不到的效果，而这些是普通 Photoshop 工具与校正性滤镜很难做到的。但是如果使用不当就会完全改变图像，使滤镜效果变得比图像本身更加显眼。由于破坏性滤镜让普通效果经过简单的变化转换为一种特殊效果，所以 Photoshop 中所提供的该滤镜数量几乎是校正性滤镜的两倍，比如扭曲滤镜组、风格化滤镜组等，如图 12-17 所示。

波浪　　　　　　　　　　玻璃　　　　　　　　　　旋转扭曲

极坐标　　　　　　　　　球面化　　　　　　　　　切变

风　　　　　　　　　　浮雕效果　　　　　　　　照亮边缘

图 12-17　破坏性滤镜组效果

12.1.4　效果性滤镜

　　Photoshop 还提供了效果性滤镜，该滤镜是破坏性滤镜的其中一种表现形式。效果性滤镜包括素描滤镜组、纹理滤镜组与艺术效果滤镜组等。利用这些滤镜命令可以制作出想要的图像效果，如图 12-18 所示。

粉笔和炭笔

绘图笔

水彩画纸

纹理化

拼缀图

染色玻璃

水彩

粗糙蜡笔

霓虹灯光

图 12-18　效果性滤镜组效果

12.2　动画

　　GIF 动画图片是一种图片形式的动画效果。自 Photoshop CS2 开始，出现了【动画】面板，使用该面板可以制作逐帧动画和过渡动画，从 Photoshop CS3 开始还可以导入并制作视频动画。

12.2.1　认识动画面板

　　在 Photoshop 中的所有动画均是在【动画】面板中完成的，所以创建动画之前，首先要了解【动画】面板。从 Photoshop CS3 开始，【动画】面板就包括两种模式，分别为帧模式与时间轴模式。

1.【动画（帧）】面板

　　【动画（帧）】面板编辑模式是最直接也是最容易让人理解动画原理的一种编辑模式，它是通过复制帧来创建出一幅幅图像，然后通过调整图层内容来设置每一幅图像的画面，将这些画面连续播放就形成了动画。

在帧动画模式下，可以显示出动画内每帧的缩览图，如图 12-19 所示。使用面板底部的工具可浏览各个帧，设置循环选项，以及添加、删除帧或是预览动画。其中的选项及功能如表 12-1 所示。

图 12-19 【动画（帧）】面板

表 12-1 【动画（帧）】面板中的选项名称及功能

选 项	图标	功 能
选择循环选项	无	单击该选项的三角按钮打开下拉菜单，可以选择一次循环或者永远循环，或者选择其他选项打开【设置循环计数】对话框，设置动画的循环次数
选择第一帧	◀◀	要想返回【动画】面板中的第一帧时，可以直接单击该按钮
选择上一帧	◀▮	单击该按钮选择当前帧的上一帧
播放动画	▶	在【动画】面板中，该按钮的初始状态为播放。单击该按钮后显示为停止
停止动画	■	状态，再次单击后返回播放状态
选择下一帧	▮▶	单击该按钮选择当前帧的下一帧
过渡	°°o	单击该按钮打开【过渡】对话框，该对话框可以创建过渡动画
复制所选帧	◨	单击该按钮可以复制选中的帧，也就是说通过复制帧创建新帧
删除选中的帧	🗑	单击该按钮可以删除选中的帧。当【动画】面板中只有一帧时，其下方的【删除选中的帧】按钮不可用
选择帧延时时间	无	单击帧缩览图下方的【选择帧延迟时间】弹出列表，选择该帧的延迟时间，或者选择【其他】选项打开【设置帧延迟】对话框，设置具体的延迟时间
转换为时间轴动画	▱▱	单击该按钮【动画】面板会切换到时间轴模式（仅限 Photoshop Extended）

2. 【动画（时间轴）】面板

时间轴动画效果类似于帧动画中的过渡效果，但是制作方法更加简单。在【动画（帧）】面板中单击【转换为时间轴动画】按钮 ▱▱ ，即可转到时间轴编辑模式。

在时间轴中可以看到类似【图层】面板中的图层名字，其高低位置也与【图层】面板相同，其中每一个图层为一个轨道。单击图层左侧的箭头标志展开该图层所有的动画项目。不同类别的图层，其动画项目也有所不同。如文字图层与矢量形状图层，它们共有的是针对【位置】、【不透明度】和【样式】的动画设置项目，不同的是文字图层多了一个【文字变形】项目，而矢量形状图层多了两个与蒙版有关的项目。如果将普通图层转换为 3D 图层，那么除了共有的动画设置项目外，还增加了与 3D 相关的动画设置项目，如图 12-20 所示。在该模式中，面板中的选项名称及功能如下。

❑ **缓存帧指示器** 显示一个绿条以指示进行缓存以便回放的帧。

❑ **注释轨道** 从【面板】菜单中选择【编辑时间轴注释】命令，可在当前时间处插入注释。注释在注释轨道中显示为图标■，并当指针移动到图标上方时作为工具提示出现。

图中标注文字：

当前时间
注释 → 注释轨道
转到上一个关键帧
转到下一个关键帧
工作区域开始
添加 / 删除关键帧
时间-变化秒表

时间标尺
工作区域结束
未选中的关键帧
选中的关键帧

拖动改变轨道开始   拖动改变轨道结束

📷 **图 12-20** 【动画（时间轴）】面板

❏ **转换为帧动画** 用于时间轴动画转换为帧动画。

❏ **当前时间指示器** 拖动当前时间指示器可导航帧或更改当前时间或帧。

❏ **全局光源轨道** 显示要在其中设置和更改图层效果（如投影、内阴影以及斜面和浮雕）的主光照角度的关键帧。

❏ **关键帧导航器** 轨道标签左侧的箭头按钮将当前时间指示器从当前位置移动到上一个或下一个关键帧。单击中间的按钮可添加或删除当前时间的关键帧。

❏ **图层持续时间条** 指定图层在视频或动画中的时间位置。要将图层移动到其他时间位置，可以拖动此条。要裁切图层（调整图层的持续时间），可以拖动此条的任一端。

❏ **已改变的视频轨道** 对于视频图层，为已改变的每个帧显示一个关键帧图标。要跳转到已改变的帧，可以使用轨道标签左侧的关键帧导航器。

❏ **时间标尺** 根据文档的持续时间和帧速率，水平测量持续时间（或帧计数）。（从【面板】菜单中选择【文档设置】命令可更改持续时间或帧速率。）刻度线和数字沿标尺出现，并且其间距随时间轴的缩放设置的变化而变化。

❏ **时间-变化秒表** 启用或停用图层属性的关键帧设置。选择此选项可插入关键帧并启用图层属性的关键帧设置。取消选择可移去所有关键帧并停用图层属性的关键帧设置。

❏ **动画面板选项** 打开【动画】面板菜单，其中包含影响关键帧、图层、面板外观、洋葱皮和文档设置的各种功能。

❏ **工作区域指示器** 拖动位于顶部轨道任一端的蓝色标签，可标记要预览或导出的动画或视频的特定部分。

❏ **启用音频播放** 导入视频文件并将其放置在视频图层时，单击【启用音频播放】按钮 🔊 后，播放动画图像的同时播放音频。

时间码是【当前时间指示器】指示的当前时间，从右端起分别是毫秒、秒、分钟、小时。时间码后面显示的数值（30.00fps）是帧速率，表示每秒所包含的帧数。在该位置单击并拖动鼠标，可移动【当前时间指示器】的位置。

拖动位于顶部轨道任一端的蓝色标签（工作区域开始和工作区域结束），可标记要预览、导出的动画或视频的特定部分，如图 12-21 所示。

关键帧是控制图层位置、透明度或样式等内容发生变化的控件。当需要添加关键帧时，首先激活对应项目前的【时间-变化秒表】，然后移动【当前时间指示器】到需要添加关键帧的位置，编辑相应的图像内容，此时激活的【时间-变化秒表】所在轨道与【当前时间指示器】交叉处会自动添加关键帧，将对图层内容所作的修改记录下来，如图 12-22 所示。

图 12-21 设置工作区域开始位置

图 12-22 创建关键帧

12.2.2 逐帧动画

逐帧动画就是一帧一个画面，将多个帧连续播放就可以形成动画。在 Photoshop 中制作逐帧动画非常简单，只需要在【动画（帧）】面板中不断地新建动画帧，然后配合【图层】面板，对每一帧画面的内容进行更改即可。

比如，当【图层】面板中存在多个图层时，只保留一个图层的可见性，打开【动画（帧）】面板，如图 12-23 所示。

图 12-23 创建第 1 帧动画

> **提 示**
>
> 在使用【动画（帧）】面板创建动画之前，首先要设置帧延迟时间，这样才能够正确地显示动画播放时间。

单击【动画（帧）】面板底部的【复制所选帧】按钮，创建第 2 个动画帧。隐藏【图层】面板中的"图层 3"并显示"图层 2"，完成第 2 个动画帧的内容编辑，如图 12-24 所示。

按照上述方法，创建第 3 个动画帧和第 4 个动画帧并进行编辑，完成逐帧动画的创建。这时单击面板底部的【播放动画】按钮，预览逐帧动画，如图 12-25 所示。

图 12-24 创建第 2 个动画帧

12.2.3 关键帧动画

【动画（帧）】面板中所有的动画，特别是过渡动画，在【动画（时间轴）】面板均能够创建，并且在后者面板创建过程中，随时能够更改效果，而且还能够实现前者面板所不能实现的动画效果——蒙版效果动画。所以，这里直接介绍使用关键帧创建过渡动画的方法。

1．普通图层时间轴动画

普通图层的时间轴动画主要是针对位置、不透明度与样式效果，既可以单独创建，也可以同时创建比如位置时间轴动画的创建。当画布中存在图像时，切换到【动画（时间轴）】模式中。确定【当前时间指示器】位置后，单击【位置】属性的【时间-变化秒表】⏱，创建第 1 个关键帧，调整该关键帧中对象的属性，如图 12-26 所示。

向右拖动【当前时间指示器】，确定第 2 个关键帧位置，单击【添加/删除关键帧】图标◇，创建第 2 个关键帧并移动对象位置，如图 12-27 所示。

图 12-26 创建第 1 个关键帧

图 12-27 创建第 2 个关键帧

这时位置效果的时间轴动画创建完成，单击面板底部的【切换洋葱皮】按钮 后，移动【当前时间指示器】，发现不同时间效果不同，如图 12-28 所示。

图 12-28 洋葱皮效果

2. 文本图层时间轴动画

文本变形动画在过渡动画中是启用【效果】选项创建而成的，而在【动画（时间轴）】面板中，则是在文本图层中创建的，并且其创建方法与普通图层中的时间轴动画方法相同。

例如，输入文本并在文本变形属性中的不同位置创建两个关键帧。然后，分别在不同的关键帧位置对文本进行变形，如图 12-29 所示。

单击面板底部的【播放】按钮 ▶，即可查看文字变形动画。单击

图 12-29　创建关键帧并设置文本变形

【切换洋葱皮】按钮 ⚫，能够得到过渡展示效果，如图 12-30 所示。

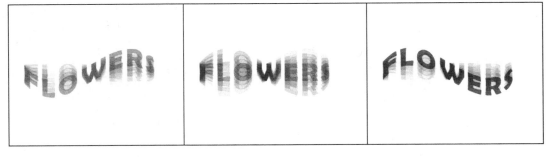

图 12-30　文本变形动画效果

> **注　意**
>
> 当洋葱皮效果不明显时，可以选择【动画（时间轴）】面板的关联菜单，选择【洋葱皮设置】命令。设置对话框中的【洋葱皮计数】与【帧间距】选项，即可改变洋葱皮效果。

3. 蒙版图层时间轴动画

蒙版图层的时间轴动画效果中，除了普通图层中的位置、不透明度与样式属性外，还包括图层蒙版启用与图层蒙版位置两个属性，前者是在文档中的启用与禁用效果，而后者是针对蒙版图形在画布中的位置属性。

❑ 蒙版启用动画

蒙版图层中的图层蒙版启用属性是针对时间轴动画中蒙版的启用与禁用效果。其动画效果不是过渡效果，而是瞬间效果，所以其关键帧图标也会所有不同。

设置图层蒙版启用属性的方法是在图层蒙版启用属性中创建两个关键帧并选中第 2 个关键帧。在【蒙版】面板中单击【停用/启用蒙版】按钮 ⚫，完成动画制作。这时单击面板底部的【播放】按钮，发现当【当前时间指示器】经过第 2 个关键帧时，整个画面瞬间显示为图像，如图 12-31 所示。

❑ 蒙版位置动画

图层蒙版位置动画主要是利用蒙版图像的移动来创建的，为了不影响图层图像必须禁用【指示图层蒙版链接到图层】图标🔗。

当在一个普通图层中创建图层蒙版后，单击图层蒙版位置的【时间-变化秒表】⏱，创建第 1 个关键帧，如图 12-32 所示。

然后确定【当前时间指示器】的位置后，单击【添加/删除关键帧】图标◇创建第 2 个关键帧。单击【图层】面板中的【指示图层蒙版链接到图层】图标🔗禁用链接功能，移动蒙版中的图形，如图 12-33 所示。

图 12-31 创建图层蒙版启用动画

图 12-32 创建第 1 个关键帧

图 12-33 创建第 2 个关键帧

单击面板底部的【切换洋葱皮】按钮 🧅 后，单击【播放】按钮 ▶，预览带有洋葱皮效果的动画，如图 12-34 所示。

图 12-34 动画过程

> **提 示**
>
> 蒙版动画不仅能够创建图层蒙版动画，还可以针对矢量蒙版创建动画。当在【图层】面板中创建矢量蒙版后，面板中将显示【矢量蒙版位置】与【矢量蒙版启用】属性。

12.3 创建与操作 3D 对象

Photoshop 不仅能够编辑二维平面图像，还能够创建以及编辑三维对象。Photoshop CS5 在 Photoshop CS4 的基础上改进了 3D 面板，将创建 3D 对象的各种方式添加到该面板中，使其创建与编辑均能够在 3D 面板中实现。

12.3.1   创建 3D 图层

Photoshop CS5 不仅支持各种 3D 文件，比如文件格式为 U3D、3DS、OBJ、KMZ 以及 DAE 的 3D 文件，而且在该软件中还能够创建 3D 对象。无论是外部的 3D 文件，还是自身创建的 3D 对象，均可包含下列一个或多个组件。

❑ **网格**   提供 3D 模型的底层结构。通常，网格看起来是由成千上万个单独的多边形框架结构组成的线框。3D 模型通常至少包含一个网格，也可能包含多个网格。在 Photoshop 中，可以在多种渲染模式下查看网格，也可以分别对每个网格进行操作。

❑ **材料**   一个网格可具有一种或多种相关的材料，这些材料控制整个网格的外观或局部网格的外观。这些材料依次构建于被称为纹理映射的子组件，它们的积累效果可创建材料的外观。Photoshop 材料最多可使用九种不同的纹理映射来定义其整体外观。

❑ **光源**   光源类型包括无限光、点光和聚光灯。可以移动和调整现有光照的颜色和强度，并且可以将新光照添加到 3D 场景中。

3D 对象能够通过 3D 命令进行创建，但在 3D 面板中能够根据不同的目标对象创建不同类型的 3D 对象，从而简化了 3D 对象的创建过程。

1. 选中的图层

执行【窗口】|3D 命令，弹出 3D 面板。在默认情况下，【源】下拉列表中的选择显示的是【选中的图层】选项。这时，该选项下方的 3D 类型选项均能够被启用，从而创建相应的 3D 对象，如图 12-35 所示。

❑ **3D 明信片**

当画布中存在图像时，在 3D 面板中启用【3D 明信片】选项，单击【创建】按钮，即可将 2D 图层转换为 3D 图层，并且是具有 3D 属性的平面，如图 12-36 所示。

图 12-35   3D 面板之新建 3D 对象选项组

> **提 示**
>
> 无论是创建何种 3D 图层，当文档中只有背景图层时，执行该命令就会将 2D 的背景图层转换为 3D 图层。

2D 图层转换为 3D 图层后，2D 图层内容作为材料应用于明信片两面。而原始 2D 图层作为 3D 明信片对象的"漫射"纹理映射出现在【图层】面板中并保留了原始 2D 图像的尺寸。

图 12-36   创建 3D 明信片对象

❑ **从预设创建 3D 形状**

当启用【从预设创建 3D 形状】选项并选择下拉列表中的子选项后，即可将二维图像作为立体对象中的其中一个面，如图 12-37 所示。

❑ **3D 凸纹对象**

当选中的图层中显示的是文本，或者是具有图层蒙版的图像，启用【3D 凸纹对象】选项后，单击【创建】按钮，即可弹出【凸纹】对话框，如图 12-38 所示。在该对话框中，可以分别设置不同的选项，从而得到不同立体效果的 3D 对象。其中，对话框中的各个选项如下。

图 12-37　创建预设 3D 对象

图 12-38　【凸纹】对话框

> **凸纹形状预设**　在该选项组中存在 18 个预设形状选项，只要单击其中一个形状方框，即可得到相应形状的 3D 对象，如图 12-39 所示。

图 12-39　凸纹形状

> **凸出**　无论选择任何预设形状，在该选项组中均能够设置该形状的【深度】、【缩放】、【扭转】、【纹理】以及【切变】或者【弯曲】等选项，从而改变预设形状，如图 12-40 所示。

> **膨胀**　该选项组中的选项是用来展开或折叠对象前后的中间部分。正角度设置展开，负角度设置折叠。【强度】选项用来控制膨胀的程度，如图 12-41 所示。

图 12-40 【凸出】选项组效果   图 12-41 表面膨胀效果

> **材质** 在该选项组中，能够分别为【全部】、【前部】、【斜面】、【侧面】、【斜面 2】或者【背面】添加材质。只要单击位置选项，即可弹出材质列表，如图 12-42 所示。

> **斜面** 在该选项组中，能够设置【边】的前部、背面或者两者的高度、宽度以及等高线效果，如图 12-43 所示。

图 12-42 材质效果   图 12-43 斜面效果

> **场景设置** 在该选项组中，不仅能够设置光照颜色、视图方向，还能够设置渲染方式以及网格品质效果，如图 12-44 所示。

> **内部约束** 该选项组中的选项是用来设置具有内部镂空的对象，并且针对单个选中的对象。所以能够逐个设置具有内部镂空的 3D 对象效果，如图 12-45 所示。

图 12-44 场景设置

❑ 从灰度创建 3D 网格

启用【从灰度创建 3D 网格】选项，然后选择下拉列表中的某个选项，即可将二维对象转换为三维对象，其三维形状为选项效果，如图 12-46 所示。

图 12-45　设置内部镂空效果

图 12-46　球体 3D 对象

❑ 3D 体积

面板中的【3D 体积】选项，其实就是 3D 命令中的【从图层新建形状】命令。执行该命令可以在空白图层中创建各种预设 3D 形状对象，如图 12-47 所示。

帽形　　　　　　　　　易拉罐　　　　　　　　　酒瓶

圆环　　　　　　　　　立体环绕　　　　　　　　环形

图 12-47　3D 体积对象

2．工作路径

当画布中存在路径对象并在新建的图层中填充颜色后，在 3D 面板中的【源】下拉列表中选择【工作路径】选项。这时，只有【3D 凸纹对象】选项可用。启用该选项并单击【创建】按钮，在弹出的【凸纹】对话框中设置选项，即可得到 3D 对象，如图 12-48 所示。

3．当前选区

当画布中存在选区，并且在新建
的图层中填充颜色后，在 3D 面板中
的【源】下拉列表中选择【当前选区】
选项。这时，同样只有【3D 凸纹对
象】选项可用。启用该选项并单击【创
建】按钮，在弹出的【凸纹】对话框
中设置选项，即可得到 3D 对象，如
图 12-49 所示。

 图 12-48 以工作路径为对象创建 3D 对象

4．文件

当选择 3D 面板中【源】下拉列
表中的【文件】选项后，下方的所有
选项均不可用。这时，单击【创建】
按钮，弹出【打开】对话框。在其中
选择 3D 格式的文件，单击【打开】

 图 12-49 以选区为对象创建 3D 对象

按钮，即可在空白画布中打开 3D 格式的对象，如图 12-50 所示。

12.3.2 3D 对象基本操作

无论通过哪个命令创建的 3D 图层，只要选
中该 3D 图层就会激活工具箱中的 3D 工具。3D
工具分为 3D 对象工具与 3D 相机工具两组，前
者可用来更改 3D 模型的位置或大小；后者可用
来更改场景视图。

 图 12-50 打开外部 3D 对象

1．编辑 3D 对象

Photoshop 中的 3D 对象工具组主要是用来旋转、缩放模型或调整模型位置。当操作
3D 模型时，场景中的相机视图保持
固定。3D 对象工具组包括 5 个工具，
不同的工具其作用也有所不同。

- ❏ **对象旋转工具** 使用该
工具上下拖动可将模型围绕
其 x 轴旋转；两侧拖动可将
模型围绕其 y 轴旋转，如图
12-51 所示。按住 Alt 键的同
时进行拖移，可滚动模型。

 图 12-51 旋转对象

- ❏ **对象滚动工具** 使用该工具两侧拖动可使模型绕 z 轴旋转，如图 12-52 所示。
- ❏ **对象平移工具** 使用该工具两侧拖动可沿水平方向移动模型；上下拖动可沿垂

直方向移动模型。按住 Alt
键的同时进行拖移可沿 x/z
方向移动。

❑ **对象滑动工具** 使用该
工具两侧拖动可沿水平方
向移动模型；上下拖动可将
模型移近或移远。按住 Alt
键的同时进行拖移可沿 x/y
方向移动。

图 12-52　滚动对象

❑ **对象比例工具** 使用该
工具上下拖动可将模型放
大或缩小，如图 12-53 所示。
按住 Alt 键的同时进行拖移
可沿 z 方向缩放。

在 3D 图层初始状态下，3D 对
象的位置包括 7 个方向的视图，而
对于平面图像转换的 3D 图层，只有
默认视图、俯视图与仰视图 3 个方
向的视图；而对于凸纹对象的 3D 图
层，则在每个视图中均能够查看效
果，如图 12-54 所示。

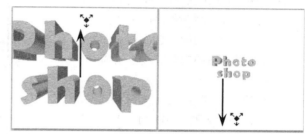

图 12-53　缩放对象

> **提　示**
>
> 3D 轴的操作与使用 3D 对象工具操作 3D
> 对象，其效果相同。所以，能够将前者
> 作为后者对象备选工具。单击 3D 轴上方
> 并拖动，即可对 3D 对象进行操作。

图 12-54　不同方向的视图

2．编辑相机视图

在 3D 图层中，除了能够对 3D 对象进行各种操作，来改变 3D 对象在场景中的位置
外，还可以通过 3D 相机工具组中的各个工具来对相机进行移动、缩放等操作，从而改
变相机在场景中的位置，得到不同的
查看效果。

除了这些常规方向视图外，还可
以通过 3D 相机工具组中的各个工具
来改变相机的位置，从而得到不同方
向的视图查看效果。

❑ **相机旋转工具** 使用该工
具拖动将相机沿 x 或 y 方向环
绕移动，如图 12-55 所示。按
住 Ctrl 键的同时进行拖移，可滚动相机。

图 12-55　旋转相机效果

❑ **相机滚动工具** 使用该工具拖动，以滚动相机，如图12-56所示。

❑ **相机平移工具** 使用该工具拖动，以将相机沿 z 方向转换与 y 方向旋转。按住 Ctrl 键的同时进行拖移可沿 z 方向平移与 x 方向旋转。

图 12-56 滚动相机效果

❑ **相机移动工具** 使用该工具拖动，以将相机沿 x 或 y 方向平移。按住 Ctrl 键的同时进行拖移可沿 x 或 z 方向平移。

❑ **相机缩放工具** 使用该工具拖动，以更改 3D 相机的视角，如图12-57所示，最大视角为 180 度。

图 12-57 缩放相机效果

提 示

通过对相机的操作发现，从视觉角度查看效果，好像是 3D 对象在发生变化。但是仔细观察会发现同样的操作，其最终显示效果与操作 3D 对象完全相反。这是因为相机在发生变化的同时，3D 对象的位置保持不变。

12.4 编辑 3D 对象属性

Photoshop 中的三维对象，除了能通过工具箱中的三维工具进行移动、旋转、缩放等操作外，还能通过 3D 面板进行 3D 对象的各种属性设置。执行【窗口】|3D命令，打开 3D 面板。默认情况下该面板显示的是创建 3D 对象选项，而当创建 3D 对象后，即可单击 3D 面板中【场景】、【网格】、【材料】和【光源】4 大属性按钮，而面板名称会随着选择属性的不同而有所改变。

12.4.1 编辑场景属性

当创建 3D 对象后，3D 面板转换为【3D{场景}】面板，并且面板中的参数也会显示为场景中的选项，如图12-58所示。

图 12-58 【3D{场景}】面板

1. 场景设置

在【3D{场景}】面板中，不仅能够设置不同的渲染方式，还能够选择绘制的纹理以及创建横截面等各种选项。其中，该面板中的基本选项如下。

❑ **渲染设置**　该选项下拉列表中包括了十多种渲染选项，而默认选项为【自定】。选择其中的一种，即可查看相关的渲染方式，如图 12-59 所示。

　　　　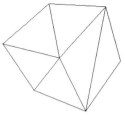

着色插图　　　　　　　　　着色线框　　　　　　　　　　线框

图 12-59　　预设渲染设置

❑ **品质**　选择该选项可在保证优良性能的同时，呈现最佳的显示品质。其中，使用【光线根据最终效果】设置可获得最高显示品质；使用【交互（绘画）】设置可获得最佳性能。

❑ **绘制于**　直接在 3D 模型上绘画时，使用该选项选择要在其上绘制的纹理映射。

❑ **全局环境色**　该选项是设置在反射表面上可见的全局环境光的颜色。该颜色与用于特定材料的环境色相互作用。

❑ **横截面**　该选项可创建以所选角度与模型相交的平面横截面。可以切入模型内部，查看内部内容。

2．横截面

通过将 3D 对象与一个不可见的平面相交，可以查看该对象的横截面。该平面可以以任意角度切入 3D 对象并仅显示其一个侧面上的内容。

要想查看 3D 对象的横截面，首先要在【3D{场景}】面板中启用【横截面】选项，这时即可呈现所选对象的横截面效果，如图 12-60 所示。

图 12-60　　启用【横截面】选项

在【横截面】选项组中，【平面】选项用来显示创建横截面的相交平面，可以选择平面颜色以及设置其不透明度，以便更加清晰地查看横截面效果，如图 12-61 所示。

【相交线】选项是选择以高亮显示横截面平面相交的对象线条。单击色块，可以选择高光颜色；单击【翻转横截面】按钮，可以将对象的显

图 12-61　　改变横截面颜色

示区域更改为反面，如图 12-62 所示。

【横截面】选项组中的【位移】选项可以沿平面的轴移动平面，而不更改平面的斜度；【倾斜】选项可将平面朝其任一可能的倾斜方向旋转至 360 度。对于特定的轴，倾斜设置会使平面沿其他两个轴旋转，如图 12-63 所示。

图 12-62　设置交叉线

图 12-63　设置不同参数

横截面不是只有一个方向，可以分别以 X 轴、Y 轴与 Z 轴为轴来显示不同方向的横截面效果。当启用不同的对齐方式后，横截面的位移与倾斜也会发生相应的变化，如图 12-64 所示。

图 12-64　启用不同方向轴

12.4.2　编辑网格属性

单击 3D 面板顶部的【网格】按钮 🔲，使面板切换到【3D{网格}】界面。3D 对象中的每个网格都出现在 3D 面板顶部的单独线条上。选择网格，可查看网格设置和 3D 面板底部的信息。这些信息包括应用于网格的材质和纹理数量以及其中所包含的顶点和表面的数量，如图 12-65 所示。

在该选项组中，还可以设置以下网格显示选项。

图 12-65　【3D{网格}】界面

- **捕捉阴影**　该选项用来控制选定网格是否在其表面上显示其他网格所产生的阴影。
- **投影**　该选项用来控制选定网格是否投影到其他网格表面上。
- **不可见**　该选项用来隐藏网格，但显示其表面的所有阴影。
- **阴影不透明度**　该选项用来控制选定网格投影的柔和度。在将 3D 对象与下面的图层混合时，该设置特别有用。

注　意

当创建的是环境以外的其他形状对象时，比如包含多个网格，那么通过单击某个网格左侧的眼睛图标可以隐藏或者显示网格。

12.4.3　编辑材料属性

在默认情况下，3D 对象具有其自身的材料属性。当 3D 对象包含不同的网格时，其材料也有所不同。要查看 3D 对象的材料属性，只要单击 3D 面板顶部的【材料】按钮即可，如图 12-66 所示。

每一个网格都具有一定的材料属性，无论是颜色还是图像，甚至更加复杂的纹理。【3D{材料}】面板中的材料选项包含了网格的基本材料属性。

图 12-66　【3D｛材料｝】面板

- **漫射**　材料的颜色。漫射映射可以是实色或任意 2D 内容。如果选择移去漫射纹理映射，则【漫射】色板值会设置漫射颜色。单击左侧列表，选择预设漫射图像，为其添加漫射纹理，如图 12-67 所示。
- **发光**　定义不依赖于光照即可显示的颜色。创建从内部照亮 3D 对象的效果，如图 12-68 所示。

图 12-67　选择漫射纹理

图 12-68　设置发光颜色

❑ **凹凸** 在材料表面创建凹凸，无须改变底层网格。凹凸映射是一种灰度图像，其中较亮的值创建凸出的表面区域，较暗的值创建平坦的表面区域。

❑ **光泽度** 定义来自光源的光线经表面反射折回到人眼中的光线数量。可以通过在字段中输入值或使用小滑块来调整光泽度。

❑ **闪亮** 定义【光泽度】设置所产生的反射光的散射。低反光度（高散射）产生更明显的光照而焦点不足；高反光度（低散射）产生较不明显、更亮、更耀眼的高光。

❑ **不透明度** 增加或减少材料的不透明度（在 0～100%范围内）。可以使用纹理映射或小滑块来控制不透明度，如图 12-69 所示。

❑ **反射** 增加 3D 场景、环境映射和材料表面上其他对象的反射。

❑ **环境** 储存 3D 对象周围环境的图像。环境映射会作为球面全景来应用，可以在 3D 对象的反射区域中看到环境映射的内容。

❑ 图 12-69　降低不透明度

❑ **正常** 像凹凸映射纹理一样，正常映射会增加表面细节。与基于单通道灰度图像的凹凸纹理映射不同，正常映射基于多通道图像。每个颜色通道的值代表模型表面上正常映射的 x、y 和 z 分量。正常映射可用于使低多边形网格的表面变平滑。

❑ **环境** 设置在反射表面上可见的环境光的颜色。该颜色与用于整个场景的全局环境色相互作用。

注　意

如果 3D 对象有 9 个以上 Photoshop 支持的纹理类型，则额外的纹理会出现在【图层】面板和【3D 绘画模式】列表中。

12.4.4　编辑光源属性

3D 光源从不同角度照亮 3D 对象，从而添加逼真的深度和阴影效果。Photoshop 提供三种类型的光源，每种光源都有独特的光照效果。

❑ 点光像灯泡一样，向各个方向照射。

❑ 聚光灯照射出可调整的锥形光线。

❑ 无限光像太阳光,从一个方向平面照射。

单击面板底部的【切换地面】按钮，能够反映相对于 3D 对象的地面位置的网格；单击【切换光源】按钮，能够显示或隐藏光源参考线。Photoshop 自带的 3D 模型，本身具有 3 个无限光，如图 12-70 所示。

❑ 图 12-70　默认光源

1．预设

在【3D｛光源｝】面板中，【预设】下拉列表中包含十多种不同的颜色光源，只要选择其中的一个选项，即可在画布中呈现出相应的光源颜色，如图 12-71 所示。

蓝光

火焰

忧郁紫色

图 12-71 预设光源颜色

2．无限光

在默认的 3 个无限光中，无限光 1 从 3D 对象的后斜上方向前斜下方照射；无限光 2 从 3D 对象的前斜上方向后斜下方照射；无限光 3 从 3D 对象的侧斜下方向斜上方照射。通过旋转相机视图，能够详细查看无限光的照射位置，如图 12-72 所示。

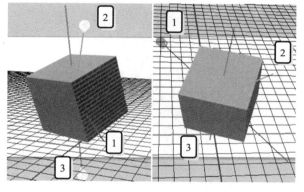

图 12-72 不同角度的 3 个无限光

在无限光中，可以通过【强度】与【颜色】选项来设置无限光的不同效果。比如选中无限光 2，设置【强度】参数值为 1.5，【颜色】选项为橙色（#FF9000），即可改变 3D 对象的整体效果，如图 12-73 所示。

3．不同光源

除了自带的无限光外，还可以通过单击 3D 面板底部的【创建新光源】按钮 ，为 3D 对象添加不同类型的光源。比如单击【创建新光源】按

图 12-73 改变颜色与强度

钮 ，选择【新建点光】命令，即可添加点光；如果选择【新建聚光灯】命令，那么会添加聚光灯；如果选择【新建基于图像的光照】命令，那么创建基于图像的光照，如图 12-74 所示。

创建点光   创建聚光灯   创建基于图像的光照

图 12-74　创建不同类型的光源

在所有光源类型中，除了基于图像创建的光照外，其他光源类型均能够设置【使用衰减】选项组中的【内径】与【外径】选项。这两个选项决定衰减锥形以及光源强度随对象距离的增加而减弱的速度。对象接近内径限制时，光源强度最大；对象接近外径限制时，光源强度为零；处于中间距离时，光源从最大强度线性衰减为零，如图 12-75 所示。

而聚光灯除了能够设置【使用衰减】选项外，还可以设置【聚光】与【衰减】选项。前者是设置光源明亮中心的宽度，其参数范围是 0.00～31.5 度；后者是设置光源的外部宽度，其参数范围是 32.5～360.00 度，如图 12-76 所示。

4．光源位置

类型光源之间可以相互转换。只要在【3D{光源}】面板的下拉列表中选择其他类型光源即可。每一种类型的光源，其位置不是固定不变的，均能够通过类似 3D 对象工具的工具来改变其光照位置。但是不同的光源位置工具，针对的类型光源不同。只有选择适当的工具，才能够改变光源位置，如图 12-77 所示。

❏ **3D 光源旋转工具** （仅限聚光灯和无限光）旋转光源，同时保持其在 3D 空间中的位置。

❏ **3D 光源拖移工具** （仅限聚光灯和点光）将光源移动到同一 3D 平面中的其他位置。

❏ **3D 光源滑动工具** （仅限聚光灯和点光）将光源移动到其他 3D 平面。

图 12-75　　设置光源衰减程度

图 12-76　　设置聚光灯效果

图 12-77　　移动光源位置

❑ **原点处的点光** （仅限聚光灯）使光源正对模型中心。

❑ **移至当前视图** 将光源置于与相机相同的位置。

12.5 课堂练习：制作飘出音符的留声机动画效果

　　本例是要制作飘出音符的留声机动画效果，下面实例中制作从无到有的显示，在制作的过程中，主要是通过调整关键帧以及【渐变叠加】命令来协助完成，最终效果如图 12-78 所示。

图 12-78 最终效果

操作步骤：

1　按 Ctrl+O 快捷键打开素材图片，然后执行【窗口】|【动画】命令，打开【动画（时间轴）】面板，单击【动画（时间轴）】面板右上角的小三角，弹出关联菜单，选择【文档设置】，设置【持续时间】为 3 秒，【帧速率】为 25fps，如图 12-79 所示。

图 12-79 设置持续时间

2　选择工具箱中【快速选择工具】 选择唱片，创建选区，按 Ctrl+J 快捷键得到复制对

象图层后，将图层名称改为"唱片"，如图 12-80 所示。

图 12-80 命名"唱片"图层

3　执行【图层】|【图层样式】|【渐变叠加】命令，设置【样式】为【角度】，【角度】为 0 度，如图 12-81 所示。

4　新建"图层 1"，选择【自定形状工具】 工具进行设置，依次绘制出各种音符，如图 12-82 所示。

图 12-81　设置渐变叠加

图 12-82　绘制音符

5　执行【图层】|【图层样式】|【渐变叠加】命令，设置参数，如图 12-83 所示。

图 12-83　设置渐变叠加

6　选择"图层 1"，按 Ctrl+J 快捷键进行复制，

得到"图层 1 副本"，打开图层样式对话框，在【渐变】右侧勾选【反向】，分别将"图层 1"、"图层 1 副本"命名为"大音符"、"小音符"，如图 12-84 所示。

图 12-84　命名图层

7　选择"小音符"图层，按 Ctrl+T 快捷键将其缩小，进行旋转，如图 12-85 所示。

图 12-85　旋转效果

8　选择【移动工具】，将"小音符"、"大音符"移动到喇叭的后面，同时选中"小音符"、"大音符"图层，按 Ctrl+G 快捷键创建组，如图 12-86 所示。

9　选择【套索工具】，绘制出喇叭出口和音符显示的区域，然后单击图层中的【添加矢量蒙版】按钮 □ 添加矢量蒙版，如图 12-87 所示。

图 12-86 创建组

图 12-87 添加矢量蒙版

[10] 选择"小音符"图层，在【动画（时间轴）】面板上，单击【位置】|【在当前时间添加或删除关键帧】在 00 秒上建立关键帧，如图 12-88 所示。

图 12-88 创建关键帧

[11] 使用【移动工具】 ▸╋ 将"小音符"图层从左上方移动到右下方视图窗口的外面，移动【当前时间指示器】放置在 1.0 秒的地方，

继续单击【位置】|【在当前添加或删除关键帧】创建音符移动的动画，如图 12-89 所示。

图 12-89 移动小音符

[12] 移动【当前时间指示器】放置在 1.15 秒的地方，继续单击【位置】|【在当前添加或删除关键帧】，如图 12-90 所示。

图 12-90 创建关键帧

提 示

【当前时间指示器】放置在 1.15 秒的位置，跟在 00 秒的位置是一样。

[13] 移动【当前时间指示器】放置在 2.24 秒的地方，继续单击【位置】|【在当前添加或删除关键帧】，如图 12-91 所示。

[14] 单击【位置】上的关键帧，在 00 秒上建立关键帧，设置"小音符"图层【不透明度】为 100%，如图 12-92 所示。

图 12-91　继续创建关键帧

图 12-92　设置不透明度

15 移动【当前时间指示器】放置在 1.0 秒的地方，设置"小音符"图层【不透明度】为 0%，创建关键帧，移动【当前时间指示器】放置在 1.15 秒的地方，设置"小音符"图层【不透明度】为 0%，如图 12-93 所示。

图 12-93　设置不透明度

16 移动【当前时间指示器】放置在 2.24 秒的

地方，继续单击【位置】，设置"小音符"图层【不透明度】为 100%，完成"小音符"飘出的动画，如图 12-94 所示。

图 12-94　继续设置不透明度

17 选择"大音符"图层，单击【位置】|【在当前时间添加或删除关键帧】在 00 秒上建立关键帧，使用【移动工具】 将其移动到右上角位置，移动【当前时间指示器】放置在 1.10 秒的地方，添加关键帧，创建音符移动的动画，如图 12-95 所示。

图 12-95　创建关键帧

18 移动【当前时间指示器】放置在 2.0 秒的地方，继续单击【位置】|【在当前添加或删除关键帧】，移动【当前时间指示器】放置在 2.24 秒的地方，添加关键帧，如图 12-96 所示。

> **提　示**
>
> 【当前时间指示器】放置在 2.0 秒的位置，与在 00 秒的位置一样。

図 12-96 创建关键帧

19 单击【位置】上的关键帧，在 00 秒上建立关键帧，设置"大音符"图层【不透明度】为 0%，如图 12-97 所示。

图 12-97 设置不透明度

20 移动【当前时间指示器】放置在 0.15 秒的地方，继续单击【位置】|【在当前添加或删除关键帧】，设置图层【不透明度】为 100%，如图 12-98 所示。

图 12-98 创建关键帧

21 移动【当前时间指示器】放置在 1.10 秒的地方，设置"大音符"图层【不透明度】为 0%，创建关键帧，移动【当前时间指示器】放置在 2.0 秒的地方，设置"大音符"图层【不透明度】为 0%，如图 12-99 所示。

图 12-99 设置不透明度

22 移动【当前时间指示器】放置 2.24 秒的地方，继续单击【位置】关键帧，设置"大音符"图层【不透明度】为 100%，完成"大音符"飘出的动画，如图 12-100 所示。

图 12-100 创建关键帧

23 选择"唱片"图层，单击【样式】，打开【图层样式】对话框，设置【样式】为【角度】，【角度】为 0 度，如图 12-101 所示。

24 移动【当前时间指示器】分别放置在 0.12 秒、1.0 秒、1.12 秒、2.0 秒、2.12 秒、2.24 秒处，创建关键帧，【角度】分别设置为–60 度、–120 度、–180 度、120 度、60 度、0 度，完成唱片旋转效果，如图 12-102 所示。

②选择 ①创建关键帧

图 12-101　　设置渐变叠加

创建关键帧效果

图 12-102　　创建关键帧

25　至此，综合动画制作完成，按 Ctrl+Alt+Shift+S 快捷键将动画保存为 GIF 动画图片。

12.6　课堂练习：制作 3D 文字

　　本例通过使用 Photoshop CS5 的新增功能制作出 3D 文字效果，如图 12-103 所示。在制作的过程中，通过利用【创建 3D 凸纹对象】命令创建 3D 文字，再设置其【漫射】和【发光】颜色设置 3D 文字的样式。最后，绘制装饰的飘带，完成 3D 文字效果的制作。

图 12-103　　3D 文字效果

操作步骤：

1　新建 1024×640 像素的空白文档，在工具箱中选择【横排文字工具】T，输入字母 S，设置字体样式，如图 12-104 所示。

> **提　示**
>
> 按相同的方法，依次输入其他字母 T、A、R、R、Y 并设置相同的字体样式，将 S 图层以外的图层隐藏。

图 12-104　输入字母

2　执行【窗口】I3D 命令，打开 3D 面板，选择【3D 凸纹对象】复选框，单击【创建】按钮，弹出【凸纹】对话框，如图 12-105 所示。

图 12-105　【凸纹】对话框

提　示

单击【创建】按钮后，在弹出的对话框中直接单击【是】按钮栅格化文本，然后才能创建 3D 文字。

3　在【凸纹】对话框中，选择【凸纹形状预设】列表框中的"凸出"，设置【凸出】的【深度】为 0.5，单击【确定】按钮，创建 3D 文字，如图 12-106 所示。

4　在【3D{材料}】面板中，选择【S 前膨胀材质】，设置【漫射】颜色为#D31818。再选

择【S 凸出材质】，设置【发光】颜色为#C07C7C，如图 12-107 所示。

图 12-106　设置凸纹形状

图 12-107　设置【漫射】和【发光】颜色

5　在 3D 面板中，单击【滤镜：光源】按钮，选择【无限光 1】，设置【颜色】为#C2C2FF，【强度】为 1，如图 12-108 所示。

6　显示 T 图层，按相同的方法创建 3D 字母。在【3D{材料}】面板中，设置【T 前膨胀材质】的【漫射】颜色为#700000，【发光】颜色为#FF8C8C，如图 12-109 所示。

提　示

设置完成后，单击【对象旋转工具】按钮，将字母 T 旋转，使其和 S 字母的方向不一致。

图 12-108　　设置无线光颜色

图 12-109　　设置字母 T 的材质

7　按相同的方法，分别创建其他 3D 字母，设置不同的材质颜色并进行不同方向的旋转，使其横向排列，如图 12-110 所示。

图 12-110　　设置其他字母的材质

将创建完成的 3D 字母转换为智能对象后，才能对其进行编辑。在【图层】面板中右击图层，执行【转换为智能对象】命令，可将字母转换为智能对象。

8　将所有的字母都转换为智能对象，导入背景素材，将其放在所有字母层的下方，分别调整字母的位置，如图 12-111 所示。

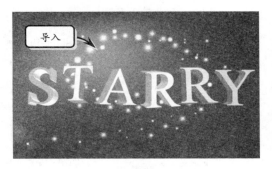

图 12-111　　添加背景

9　新建图层，在工具箱中选择【钢笔工具】，在画布中绘制缠绕文字的路径，使用【转换点工具】和【直接选择工具】调整路径，如图 12-112 所示。

图 12-112　　绘制路径

10　在工具箱中选择【画笔工具】，按 F5 快捷键打开【画笔】面板，设置画笔【大小】为 15px，【圆度】为 15%，如图 12-113 所示。在【路径】面板中，单击【用画笔描边路径】按钮，即可描边路径。

11　双击该图层，打开【图层样式】对话框，选择【渐变叠加】样式，设置渐变颜色。再分别设置【内阴影】和【外发光】参数，如图

12-114 所示。

图 12-113 设置画笔

图 12-114 设置图层样式

提 示

【内阴影】的颜色为#808079，【距离】和【大小】均为 3 像素；【外发光】的【不透明度】为 70%，【扩展】为 0，【大小】为 15 像素。

12　单击【图层】面板底部的【添加图层蒙版】按钮 ，添加图层蒙版，使用【画笔工具】 修饰螺旋的描边路径，使其绕字母旋转，完成 3D 文字效果的制作，如图 12-115 所示。

图 12-115 修饰螺旋描边路径

12.7　思考与练习

一、填空题

1. 所有的滤镜都能作用于 RGB 颜色模式的图像，而所有的滤镜都不能作用于＿＿＿＿＿颜色模式的图像。

2. 对＿＿＿＿＿执行滤镜命令时，需要先转换为普通图层之后，才可执行该功能。

3. 动画面板中包括帧模式和＿＿＿＿＿。

4. 单击【动画（时间轴）】面板中的＿＿＿＿＿按钮，能够查看过渡动画效果。

5. 3D 对象除了能够通过 3D 命令进行创建外，还可以在＿＿＿＿＿面板中进行创建。

二、选择题

1. 执行过滤镜命令后，按＿＿＿＿＿快捷键可以重复执行该滤镜命令。

　　A．Ctrl+F

　　B．Ctrl+Shift+F

　　C．Ctrl+Alt+F

　　D．Ctrl+Shift+Alt+F

2. 可以使静止的交通工具产生直线运动效果的滤镜命令是＿＿＿＿＿。

　　A．高斯模糊

　　B．动感模糊

　　C．径向模糊

D．镜头模糊

3．如果要制作一个具有颜色产生渐变变化的动画，则必须在时间轴面板中创建_____属性的关键帧。

A．位置

B．不透明度

C．样式

D．以上都不对

4．启用 3D 面板中的_____选项，能够打开【凸纹】对话框。

A．【3D 明信片】

B．【从预设创建 3D 形状】

C．【从灰度创建 3D 网格】

D．【3D 凸纹对象】

5．_____类型的光源能够设置【聚光】与【衰减】选项。

A．无限光

B．点光

C．聚光灯

D．基于图像的光照

三、问答题

1．简要说明智能滤镜的功能。

2．如何从【动画（帧）】面板切换到【动画（时间轴）】面板？

3．如何将制作的动画以流媒体形式播放？

4．如何将文本创建为 3D 对象？

5．如何为 3D 对象添加聚光灯效果？

四、上机练习

1．制作文字变形动画

自从 Photoshop 添加了时间轴动画后，过渡动画的制作就变得异常简单。只要在【动画（时间轴）】面板的文本图层中，创建【文字变形】属性的关键帧并设置变形样式，即可得到文字变形动画，如图 12-116 所示。

图 12-116　文字变形动画效果

2．创建文字三维效果

在平面图像处理软件中，同样能够制作出三维效果，特别是利用 Photoshop CS5 新增加的 3D|【凸纹】命令，能够直接在画布中将二维的对象转换为 3D 对象。只是当二维对象为文本时，则需要将文本栅格化才能够将其转换为 3D 对象，如图 12-117 所示。

图 12-117　创建文字三维效果

第 13 章

图像打印与输出

在运用 Photoshop 处理完图像后，最终要将图像输出为需要的格式并进行打印。然而输出图像包括多种方式，并且每一种方式所针对的图像颜色模式也会有所不同。本章主要介绍打印前的颜色调节以及图像的输出设置，以便打印出来的图像不会有颜色损失。

本章学习要点：

- ➢ 颜色模式
- ➢ 模式转换
- ➢ 印刷输出
- ➢ 网络输出

因为颜色之间的转换会存在一定的损失，印前校色就成为印刷前很重要的一个环节，它保证了印刷后的颜色效果与最初设想的保持一致。本节就通过认识这些特殊的颜色模式和色彩管理，学习打印前的颜色校正。

13.1.1　特殊颜色模式

除了常见的颜色模式（RGB 与 CMYK）以外，在日常工作中还会遇见一些特殊的颜色模式，如灰度、位图等颜色模式，了解这些颜色模式，可以帮助正确地设置扫描、打印及输出图像。

1．灰度颜色模式

灰度模式在图像中使用不同的灰度级。在 8 位图像中，最多有 256 级灰度。灰度图像中的每个像素都有一个 0（黑色）到 255（白色）之间的亮度值。在 16 和 32 位图像中，图像中的级数比 8 位图像要大得多。灰度值也可以用黑色油墨覆盖的百分比来度量（0%等于白色，100%等于黑色）。使用黑白或灰度扫描仪生成的图像通常以灰度模式显示，如图 13-1 所示。

图 13-1　　灰度图像

2．位图颜色模式

位图实际上是由一个个黑色和白色的点组成的，也就是说它只能用黑白来表示图像的像素。它的灰度需要通过黑点的大小与疏密在视觉上形成灰度，如图 13-2 所示。要转换为位图，首先要将图像模式转换为灰度模式图像，然后再执行【图像】|【模式】|【位图】命令，将模式转换为位图模式。

图 13-2　　位图图像

3．双色调颜色模式

双色调是用两种油墨打印的灰度图像：黑色油墨用于暗调部分，灰色油墨用于中间调和高光部分。在实际工作中，更多地使用彩色油墨打印图像的高光颜色部分，因为双色调使用不同的彩色油墨重现不同的灰阶。要将其他模式的图像转换为双色调模式，同位图模式相同，首先要将图像模式转换为灰度，然后才能选择【双色调命令】。双色调相当于用不同的颜色来表示灰度级别，其深浅由颜色的浓淡来实现。双色调模式中支持多个图层，但它只有一个通道。所以所有的图层都将以一种色调显示，如图 13-3 所示。

4．索引颜色模式

索引颜色模式是多媒体和网页制作中常用的一种颜色模式。它比 RGB 模式的图像文件小很多，通常只有 RGB 模式图像大小的 1/3。转换为索引模式后的图像会激活【图像】|【模式】|【颜色表】命令，使用【颜色表】对话框可以对图像的色调进行调整。

索引模式的图像不能完美地展示色彩丰富的图像，因为它只能表现 256 种颜色，在转换后只选出 256 种使用最多的颜色放在颜色表中，而对于颜色表以外的颜色，程序会选取已有颜色中最相近的颜色或使用已有颜色模拟该种颜色。如图 13-4 所示，由于调色板很有限，因此索引颜色可以在保持多媒体演示文稿、Web 页等的视觉品质的同时，减少文件大小。

5．多通道颜色模式

在多通道模式下，每个通道都使用 256 级灰度。进行特殊打印时，多通道图像十分有用。多通道模式图像可以存储为 PSD、PDD、EPS、RAW、PSB 格式。在使用多通道模式以后，在【图层】调板中不再支持多个图层，在【通道】调板中会出现【青色】、【洋红】和【黄色】三个通道，如图 13-5 所示。

13.1.2　颜色模式转换

在众多图像颜色模式中，有些是可以直接转换的，比如 RGB 与 CMYK 模式之间；而有些则需要经过其他颜色模式才可以转换，比如 RGB 与双色调模式之间。

1．RGB 与 CMYK 模式的转换

通常情况下，Photoshop 处理图像的颜色模式为 RGB。如果是用于印刷的图像，则必须是 CMYK，这时必须将图像颜色模式转换成 CMYK 模式来分色。在制作过程中，将作品模式转成 CMYK 模式可以在如下几个不同的阶段完成。

图 13-3　双色调图像

图 13-4　索引图像

图 13-5　多通道图像

首先可以在建立一个新的 Photoshop 图像文件时就选择 CMYK 四色印刷模式（CMYK 颜色），如图 13-6 所示。

提 示

在新建图像文件时就选择 CMYK 模式，可以防止最后的颜色失真。因为在整个作品的制作过程中，所制作的图像都在可印刷的色域中。

图 13-6 新建 CMYK 模式文档

或者在制作过程中，随时从 Photoshop 的模式菜单中选取 CMYK 四色印刷模式（CMYK 颜色），如图 13-7 所示。

提 示

在图像转换模式后，就无法再从模式菜单中选 RGB 三原色模式〈RGB Color〉变回原来图像的 RGB 色彩了。因为 RGB 的色彩模式在转换成 CMYK 色彩模式时，色域外的颜色会变暗，这样才会使整个色彩成为可以印刷的文件。因此，在将 RGB 模式转换成 CMYK 模式之前，一定要先存储一个 RGB 模式的备份，这样，如果不满意转换后的结果，还可以重新打开 RGB 模式文件。

图 13-7 选择【CMYK 颜色】命令

最后一种方式是让输出中心应用分色公用程序，将 RGB 模式的作品较完善地转换成 CMYK 模式。这将会省去很多的时间，但是有时也可能会出现问题，如果没有看到输出中心的打样，或者觉得发片人员不会注意样稿，结果可能会造成作品印刷后的效果和样稿相差较远。也就是说，某些时候做转换是控制颜色的唯一方法。转换时，更要注意屏幕选项、分色选项和印刷油墨选项功能，因为这些都会影响作品的最终效果。

2．转换为索引颜色模式

索引模式是一种特殊的模式，这种模式的图像在网页上应用得比较多，例如 GIF 格式的图像其实就是一个索引模式的图像。当一幅图像从某一种模式（只有 RGB 和灰度模式才能转换位索引模式）转换为索引时，会删除图像中的部分颜色，而仅保留 256 种颜色，如图 13-8 所示。

图 13-8 【索引颜色】对话框

当转换为索引颜色时，Photoshop 将构建一个颜色查找表（CLUT），用以存放并索引图像中的颜色。如果原图像中的某种颜色没有出现在该表中，则程序将选取最接近的一种或使用仿色以现有颜色来模拟该颜色，如图 13-9 所示。

3．Lab 模式的转换

Lab 模式所定义的色彩最多，且与光线及设备无关并且处理速度与 RGB 模式同样快。因此，可以放心大胆地在图像编辑中使用 Lab 模式。打开一张灰度格式的图片，选择【图像】|【模式】|【Lab 颜色】，转换为 Lab 格式。然后在 a 和 b 的通道上作垂直黑色渐变填充，效果如图 13-10 所示。

图 13-9　不同参数设置效果

图 13-10　灰度转换为 Lab 模式效果

> **注意**
>
> Lab 模式在转换成 CMYK 模式时色彩没有丢失或被替换。因此，最佳避免色彩损失的方法是应用 Lab 模式编辑图像，再转换为 CMYK 模式打印输出。

4．其他颜色模式转换

在颜色模式转换中，有些是无法返回的，而有些需要经过第三种颜色模式才可以加以转换。比如灰度模式图像是由具有 256 级灰度的黑白颜色构成。一幅灰度图像在转变成 CMYK 模式后可以增加色彩；如果将 CMYK 模式的彩色图像转变为灰度模式，则颜色不能恢复，如图 13-11 所示。

在进行位图模式转换的时候，会弹出一个【位图】对话框，用户可以通过该对话框进行【分辨率】和【方法】的设置。【分辨率】数值的大小会影响转换后图像的清晰度，如图 13-12 所示。

图 13-11　CMYK 模式转换为灰度

图 13-12　不同分辨率效果

> **注意**
>
> 只有灰度模式的图像能直接转换为位图，其他如 RGB、CMYK 等常用的色彩模式在转换成位图时必须先转换为灰度模式。

在【方法】中有 5 个选项，这 5 个选项会影响图像的组成元素，前三种比较简单，直接就可以应用。下面的【半调网屏】和【自定图案】效果就比较灵活，这需要多做练习，从中理解原理所在，如图 13-13 所示为其中的三个选项效果。

图 13-13　不同方法效果

双色调模式也只有灰度模式能够直接转换。当它用双色、三色、四色来混合形成图像时，其表现原理就像"套印"。在 Photoshop 中对灰度图像执行【图像】|【模式】|【双色调】调出【双色调选项】对话框，如图 13-14 所示。

在类型中，可以设置所要混合的颜色数目，包括单色、双色、三色、四色；在中间的颜色方框中，可以任意指定用何种颜色来混合；单击其左边的曲线框，可以在调出的双色调曲线调板中调节每种颜色的明暗，如图 13-15 所示。

图 13-14　【双色调选项】对话框

图 13-15　改变颜色明暗

13.1.3　色彩管理

当打印前的所有工作都完成后，打印效果却不一样，原稿的色彩要比打印出来的效果亮丽得多，即使在显示屏上预检时所看到的一切也比印出来的好得多。这是由于颜色转换、设备差异等问题造成的，这时就需要色彩管理。色彩管理在现代化数字印前制版系统和数字印刷领域的作用是不可忽视的。

色彩管理是个很宽泛的知识，简单地讲，色彩管理就是控制色彩准确、稳定的一致再现，而且是可以预测其结果的，目的是使最后的成品尽可能贴近原稿。

对于具体的图像设备而言，其色域就是这个图像设备所能表现的色彩的总和。要表述这些色彩，就要按一定的规律把这些色彩组织起来，人们建立了多种类型的色彩模型，以一维、二维、三维甚至四维空间坐标来规范表示这些色彩，系统化的色域就是某种坐标系统所能定义的色彩范围。

在数码影楼中经常用到的色域类型有 RGB、CMYK、Lab 等。它们各自又可以细分出很多类型的色域标准，比如 RGB 色域又可以分为 Adobe RGB、Apple RGB、sRGB 等几种，这些色域都是基于某些硬件设备的用途而专门设置的，多用于各自的显示设备、输入设备（数码相机、扫描仪）等。

1．RGB 色域的几种类型

sRGB 即标准 RGB 色域。它是在 1997 年由微软与惠普联合确立的，后来被许多的软、硬件厂商所采用，逐步成为许多扫描仪、低档打印机和软件的默认色域。同样采用 sRGB 色域的设备之间可以实现色彩相互模拟，但它是通过牺牲色彩范围来实现各种设备之间色彩的一致性的，这是所有 RGB 色域中最狭窄的一种。

Apple RGB 是美国苹果公司早期为苹果显示器制定的色域，其色彩范围并不比 sRGB 大多少。因为这种显示器已经很少使用，这一标准已逐步淘汰。

Adobe RGB（1998）由 Adobe 公司制定，其雏形最早用在 Photoshop 5.x 中，被称为 SMPTE-240M。它具备非常大的色彩范围，其绝大部分色彩又是设备可呈现的，这一色域包含了 CMYK 的全部色彩范围，为印刷输出提供了便利，可以更好地还原原稿的色彩，在出版印刷领域得到了广泛应用。

ColorMatch RGB 是由 Radius 公司定义的色域，与该公司的 Pressview 显示器的本机色域相符合。

Wide Gamut RGB 是用纯谱色原色定义的具有很宽色彩范围的 RGB 色域。这种色域包括几乎所有的可见色，比典型的显示器能准确显示的色域还要宽。但是，由于这一色彩范围中的很多色彩不能在 RGB 显示器或印刷上准确重现，所以这一色域并没有太多实用价值。

2．CMYK 色域

CMYK 色域是专门针对印刷制版和打印输出制定的。它描述的实际就是不同颜色墨水的配比，与具体的设备、耗材密切相关。正如前面所提到的，虽然配比相同，不同的墨水在不同的纸张上所呈现的色彩也会有所不同。在 CMYK 色域模式中，C 表示蓝色，M 表示红色，Y 表示黄色，K 表示黑色。

3．CIE Lab 色域

CIE Lab 简称 Lab，它描述的是正常视力范围内的所有颜色。在所有的色域标准中，它的色域最广，是一种常用的色彩模式。其中，L 代表亮度，a 代表从绿色到红色，b 代表从蓝色到黄色。

要让不同设备在表现色彩时能够相互匹配，需要制定出一种与设备无关的色彩体系，抽象出一种"理论化"的色彩，以使不同设备的色彩能够相互比较、相互模拟。现在被广泛采用的"理论化"色域是国际照明协会制定的 1931 CIE-XYZ 系统以及以它为基础而建立的 CIE Lab 系统。1931 CIE-XYZ 系统是在 RGB 系统的基础上，用数学方法选用三个理想的原色来代替实际的三原色，构成理想的、与设备无关的色彩体系，其制定的过程是一个非常复杂的色彩学、数学、心理学综合工程，让用户能够在这种色域模式作用之下，很好地把需要的色彩还原出来。

不同色域的颜色在相互转换时会因为色域的不同而出现颜色外观的改变。不但 RGB 转换成 CMYK 会出现颜色变化，就是不同的显示器、打印机也有各自不同的 RGB、CMYK 色域，这就是图片在不同状况下会出现变色的原因。可以说图片在改变显示状态时颜色出现变化是必然的，但这也就是色彩管理需要解决的问题。

色彩管理的核心是颜色配置文件，即 ICC 描述文件。ICC 描述文件就是某一数字设备的色彩描述性文件，它表示这一特定设备的色彩表达方式与 CIE Lab 标准色域的对应关系。影楼行业中，ICC 描述文件主要为输入（扫描仪、数码相机）、显示（各种显示器）、输出（打印机或各种彩色输出设备）等三个方面的设备提供的描述文件，并要求在它们之间有一个科学合理的匹配，以达到最终正确的图像色彩还原。

预定色彩管理设置指定将与 RGB、CMYK 和灰度颜色模式相关的颜色配置文件。设置还为文档中的专色指定颜色配置文件。这些配置文件在色彩管理工作流程中很重要，被称为工作空间。由预定设置指定的工作空间代表将为几种普通输出条件生成最保真颜色的颜色配置文件。例如，U.S.Prepress Defaults 设置使用 CMYK 工作空间在标准规范下为 WebOffset Publications（SWOP）出版条件保持颜色的一致性。

工作空间充当未标记文档和使用相关颜色模式新创建的文档的颜色配置文件。例如，如果 Adobe RGB（1998）是当前的 RGB 工作空间，创建的每个新的 RGB 文档将使用 Adobe RGB（1998）色域内的颜色。工作空间还定义转换到 RGB、CMYK 或灰度颜色模式文档的目标色域。

13.1.4 专色讲解

专色是指在印刷时不是通过印刷 C、M、Y、K 四色合成这种颜色，而是专门用一种特定的油墨来印刷该颜色。专色油墨是由印刷厂预先混合好或油墨厂生产的。对于印刷品的每一种专色，在印刷时都有专门的一个色版对应。使用专色可使颜色更准确。专色主要用于打印特殊的颜色，如荧光色、金黄色。

1. 黄色

黄色位于色环中红色与绿色之间，当品红的含量较大时，会出现偏红色的黄色；当青的含量较大时，会出现偏绿的黄色，如图 13-16 所示。即 C 油墨与 M 油墨含量的不同导致黄色的色调倾向的不同，当 C 的含量增大时，黄色偏冷；当 M 的含量偏大时，黄色偏暖。

大黄　　偏红的黄　　偏青的黄

图 13-16　不同颜色倾向的黄色

2．红色

红的主色是 M+Y，相反色是 C。下面根据图 13-17 所示的图片来解释。其中 M 和 Y 的颜色配置有一些差异，当M>Y时红色偏冷，显得刚强、冷硬；当Y>M时红色偏暖，显得柔嫩、无力。若 M、Y 配置差别不大时，红色较为鲜艳。

M 和 Y 分别是 90% 与 M 和 Y 分别是 99% 时，会有很大的差异，如果印刷不出问题，百

图 13-17　不同颜色含量的红色

分配比相差 10%是可以很明显地看出来的。需注意专色也是有层次的，如一味的追求鲜艳却忽略层次，就会失去细节。因此，M 和 Y 的配比都在 90%以上的做法是不可取的。

3．品红

品红色是红中的 Y 含量减少，红色变冷成为品红色，它的主色是 M，相反色是 C+Y。常见的桃红色就属于品红，它给人柔和、温馨的视觉效果。它与品红的区别是桃红色中不仅 M 的含量大，而且还有 Y 的含量，而 Y 含量的大小确定了桃红色的冷暖。

4．紫色和蓝色

当 C 的含量变大时就成为了紫色。同一个紫色的 CMYK 配比在不同地区印出来的效果可能会存在大的差异，这和油墨的品种不同有很大的关系，因为不同的油墨中品红的差异很大，这直接影响到紫色与蓝色的 CMYK 配比。

5．青色

青色的配比中，C 是主色，M+Y 是相反色，在大自然中真正青颜色的物体很少，C=100%的情况几乎没有。图 13-18 是一张蓝天的图片，可以发现这幅图青色的相反色对比都是较大的，即青的饱和度不高，此时的画面效果较为理想，如果将相反色去掉，不仅会影响到图片的真实性，而且会影响图片的层次。

图 13-18　含有青色的蓝天图片

6．绿色

该色的主色为 C+Y，相反色为 M。当 Y 的含量在 80%以上、C 的含量在 60%以下时的绿，给人的感觉是果绿色，如图 13-19

所示。

图 13-19　果绿色

13.1.5　调节技巧

　　打印前发现图像存在颜色问题，为了符合打印的要求，可以使用 Photoshop 中的【色阶】和【曲线】颜色调整命令进行调节。

　　当扫描或导入的图像颜色偏色时，首先要分辨清楚颜色的偏色倾向，如图 13-20 所示，这是一张色调偏青的图片。

　　如果不是 CMYK 模式的图片，首先将图像的颜色模式转换为 CMYK，然后执行【图像】|【调整】|【曲线】命令，如图 13-21 所示，在【通道】下拉列表中选择【青色】选项，拖动曲线色调图向下移动，降低图像中青色色调的成份，达到调整偏色的目的。

图 13-20　偏青色调的照片

图 13-21　调整偏色图像

　　使用【色阶】命令同样可以达到校正偏色的目的，执行【图像】|【调整】|【色阶】命令，打开【色阶】对话框，同样在【通道】下拉列表中选择【青色】选项，设置【输入色阶】，降低图像中青色色调的成份，如图 13-22 所示。

13.2　打印输出

　　处理完图像后，就可以输出图像。在 Photoshop 中，处理的图像既可以用于打印，也可以用于网络显示。对于不同的用途，除了选择的图像颜色模式不同外，还需要设置不同的图像分辨率。本节就介绍如何将处理好的图像进行打印输出。

　　当制作完一幅图像后，可以使用打印机将其打印出来，以便查看图像的效果。这样就需要链接打印机，安装好打印机的驱动程序并确保打印机正常工作。然后就可以使用 Photoshop 中的打印功能将图像打印出来了。

图 13-22　调整偏色图像

13.2.1 打印对话框

在 Photoshop 中打开要打印的图像，执行【文件】|【打印】命令（快捷键 Ctrl+P），打开如图 13-23 所示的对话框。在右侧的下拉列表中选择不同的选项，会在其下方显示相关的参数设置。

图 13-23 【打印】对话框

下面对【打印】对话框中重要的选项及功能进行介绍。

> **提 示**
>
> 由于 RGB、HSB 和 Lab 颜色模型中的一些颜色在 CMYK 模型中没有等同的颜色，因此无法打印出来。当选择不可打印的颜色时，在【拾色器】对话框中将会出现一个警告三角形。CMYK 中与这些颜色最接近的颜色会显示在三角形的下面。单击该三角形，当前的颜色转换为 CMYK 中与这些颜色最接近的颜色。

1. 位置

该选项组设置图像在打印纸张中的位置。【顶】选项用来设置图像到纸张顶端的距离；【左】选项用来设置图像到纸张左端的距离；启用【图像居中】选项，图像将位于纸张的中央；禁用该选项启用【定界框】选项，则可以使用鼠标

图 13-24 调整要打印图像的位置

拖动预览图来定位图像位置，如图 13-24 所示。

2. 缩放后的打印尺寸

该选项组设置图像缩放后的打印尺寸。【缩放】选项用来设置图像的缩放比例，从而确定图像的打印尺寸；也可以在【高度】与【宽度】文本框中输入数值来确定图像的打印尺寸。启用【缩放以适合介质】选项，图像将以最适合的打印尺寸显示。

13.2.2 设置打印选项

了解了【打印】对话框后，接下来就要设置打印选项，包括设置页面、【色彩管理】选项、【输出】选项等。

1. 页面设置

打印图像的预备工作首先是设置纸张大小、打印方向和质量等。执行【文件】|【打印】命令（快捷键 Ctrl+P），在打开的【打印】对话框中，单击【打印设置】按钮，即可在弹出的对话框中设置页面方向，然后，单击【高级】按钮，可以设置页面大小，如图 13-25 所示。

图 13-25 设置【打印设置】选项

2. 设置【色彩管理】选项

在【打印】对话框右上端的下拉列表中选择【色彩管理】选项，切换到色彩管理选项卡中，通过对其中各选项的设置，可对要打印文件的颜色进行管理。

❑ 文档

打印当前文档，如果选中了【Photoshop 管理颜色】，可确保在【打印机配置文件】下拉菜单中为打印机设置配置文件。在【文档】单选按钮后面显示了文档配置文件的名称，如果文档中没有嵌入的配置文件，则显示【颜色设置】对话框中指定的配置文件。

❑ 校样

通过模拟文档将会如何在另一设备（如印刷机）上输出来打印文档。如果颜色处理设置为【Photoshop 管理颜色】，则使用【打印机配置文件】菜单来指定要用于打印的设置的配置文件。校样配置文件显示用于将颜色转换到试图模拟的配置文件名称。在该单选按钮后面显示了用于将颜色转换到试图模拟的设备的配置文件名称，使用【视图】|【校样设置】命令指定。

❑ 颜色处理

颜色处理确定是否使用色彩管理，如果使用，则确定是在应用程序中还是在打印设备中使用。下面是各选项的作用说明。

➤ **打印机管理颜色** 指示打印机将文档颜色数转换为打印机颜色数。Photoshop 不会更改颜色数。

> **Photoshop 管理颜色** 为保留外观，Photoshop 会执行适合于选中打印机的任何必要的颜色数转换。

> **无色彩管理** 打印时不会更改文档中的颜色值。

❑ **打印机配置文件**

它选择适用于打印机和将使用的纸张类型的配置文件。在【打印机配置文件】下拉列表中，可选择使用于打印机和将使用的纸张类型的配置文件。

❑ **渲染方法**

它确定色彩管理系统如何处理色彩空间之间的颜色转换。选取的渲染方法取决于颜色在图像中是否重要以及对图像总体色彩外观的喜好。

【黑场补偿】复选框可在转换颜色时调整黑场中的差异。如选中，源空间的全范围将会映射至目标空间的全范围。如果文档和打印机有基本同样大小的色域，但其中一个黑色更深时，这将会很有用。

❑ **校样设置**

校样设置的名称，该校样设置包含用于将颜色转换为视图模拟的色彩空间的配置文件和渲染方法。

> **模拟纸张颜色** 选中该复选框，校样将会模拟颜色在模拟设备纸张上的样子（绝对比色渲染方法）。比如校样想要模拟报纸，在校样中图像高光就会显示得暗一些。该选项会生成最精确的校样。

> **模拟黑色油墨** 选中该复选框，校样将包含输出设备的深色亮度的模拟。选中此选项会获得更精确的校样。如果取消选中，将会以尽可能深的方式打印最深的颜色，而不进行精确模拟。

3. 设置输出选项

在设置好打印选项及选择好纸张后，除了在电脑上做的东西外，还需要添加一些额外的标记，以用作印后加工的参考线。这些标记是出片时自动生成的。例如，对于严格按成品尺寸设置的页面，如果需要折成均等的两半，就需要在中间添加十字线标记，以作为折叠标记；如果设计页面比成品大，这时就需要在页面上添加裁切的标记。

要添加这些打印标记，可以通过【打印】对话框右上端的下拉列表中选择【输出】选项，来指定印前输出选项，它可对输出前的一些具体设置进行调整，如校准条、中心裁剪标志及出血设置等。下面对各选项的作用进行详细的介绍。

❑ **打印标记**

通过设置该选项组中的各个选项，可将标签、角裁切线及中心裁切线等内容打印在文档中，以方便查看，如图 13-26 所示。

> **校准条** 启用该选项，可以打印11 级灰度，即一种按 10% 的增量

图 13-26 添加的打印标记

从 0 到 100% 的浓度过渡效果。使用 CMYK 分色，将会在每个 CMYK 印版的左边打印一个校准色条并在右边打印一个连续颜色条。

- ➢ **套准标记**　启用该选项，可以在图像周围打印出形状的对准标记，包括靶心和星形靶，这些标记主要用于对齐分色。

- ➢ **角裁剪标志**　启用该选项，可以在图像的 4 个角上打印出裁切标记。在 PostScript 打印机上，选择此选项也可以打印星形色靶。

- ➢ **中心裁剪标志**　启用该选项，可以在图像 4 个边框的中心位置打印出中心裁切线，以便对准图像中心。

- ➢ **说明**　启用该选项，可以打印在【文件简介】对话框中输入的任何说明文本（最多约 300 个字符），且始终采用 9 号 Helvetica 无格式字体打印说明文本。

- ➢ **标签**　启用该选项，可以在图像上方打印出图像的文件名称和通道的名称。如果打印分色，则将分色名称作为标签的一部分打印。

- ➢ **药膜朝下**　启用该选项，可以使文字在药膜朝下（即胶片或相纸上的感光层背对用户）时可读。正常情况下，打印在纸上的图像是药膜朝上打印的，感光层正对着用户时文字可读。打印在胶片上的图像通常采用药膜朝下的方式打印。一般情况下不启用该选项，药膜的朝向一般由印刷公司决定。

- ➢ **负片**　启用该选项，可以打印整个输出（包括所有蒙版和任何背景色）的反相版本。与【图像】菜单中的【反相】命令不同，【负片】选项将输出（非屏幕上的图像）转换为负片。尽管正片胶片在许多国家和地区很普遍，但是如果将分色直接打印到胶片上，可能需要负片。与印刷商核实，确定需要哪一种方式。若要确定药膜的朝向，可以在冲洗胶片后于亮光下检查胶片，暗面是药膜，亮面是基面。与印刷商核实，看是要求胶片正片药膜朝上、负片药膜朝上、正片药膜朝下还是负片药膜朝下。

注　意

只有当纸张比打印图像大时，才会打印校准栏、套准标记、裁切标记和标签。校准栏和星形色靶套准标记要求使用 PostScript 打印机。

❏ **函数**

通过【函数】选项组，可调整【背景】、【边界】及【出血】等选项设置。下面对各选项进行详细的介绍。

- ➢ **背景**　单击该按钮打开【选择背景色】拾色器，从中可以选择图像区域以外打印纸张上填充的颜色，选择页面上的图像区域外打印的背景色。例如，对于打印到胶片记录仪的幻灯片，黑色或彩色背景可能很理想。要使用该选项，可以单击【背景】按钮，在【拾色器】对话框中选择一种颜色。这仅是一个打印选项，它不影响图像本身。

- ➢ **边界**　单击该按钮打开【边界】对话框，在【宽度】文本框中输入数值可定义打印后显示图像边框的宽度。

- ➢ **出血**　使用此选项可在图形内裁切图像，而不是在图像外打印裁切标记。单击该按钮打开【出血】对话框，在【宽度】文本框中输入数值可定义图像出血的宽度。

出血又称出穴位，其作用主要是保护成品裁切时，有色彩的地方在非故意的情况下，做到色彩完全覆盖到要表达的地方。为了保证页面正文不受影响，在设计制作过程中，页面内距印刷品边界 3mm 的范围内不安排重要信息，以避免被裁切掉。

> **网屏**　网屏是打印灰度图像或分色稿所使用的每英寸打印机点数或网点数。网屏也称为网目线数或线网，度量单位通常采用线/英寸（lpi），或半调网屏中每英寸的网点线数。输出设备的分辨率越高，可以使用的网目线数就越精细（越高）。网屏上含有较大点的区域暗于含有较小点的区域（它们能使纸张的更多部分透视过来，进而提供一种较亮的可感知色调）。

> **传递**　单击该按钮打开【传递函数】对话框，从中可以调整传递函数。传递函数传统上用于补偿将图像传递到胶片时出现的网点补正或网点丢失情况。当直接从 Photoshop 打印或当以 EPS 格式存储文件并将其打印到 PostScript 打印机时，才识别该选项。最好使用【CMYK 设置】对话框中的设置来调整网点补正。

> **插值**　启用该选项，可以通过在打印时自动重新取样，从而减少低分辨率图像的锯齿状外观。但是，重新取样可能降低图像品质的锐化程度。某些 PostScript Level 2（或更高）打印机具备插值能力。如果打印机不具备插值能力，则该选项无效。

13.2.3　印刷输出

设置完打印的页面和预览选项后，就可以执行【文件】|【打印一份】命令（快捷键 Alt+Shift+Ctrl+P），使用默认选项打印一份图像。

如果想要对打印的范围和份数进行设置，则可以在【打印】对话框中单击右下角的【打印】按钮，在【打印】对话框中设置选项即可。

Photoshop 中的打印选项一旦设置完成，就可以一直使用其中的参数值。但是图像本身还需要注意几个方面的内容，比如图像格式、图像颜色模式与图像分辨率等。

❑ **文件格式**

需要印刷输出的图像，在工作的时候可以保存为 PSD 格式。确定不需要修改时，可以将图像输出为 TIF 格式，这种格式可以在 PC 机和 Mac OS 机之间互换并带有压缩保存。

❑ **颜色模式**

印刷输出的图像都需要转换为 CMYK 模式，如果不转换输出的胶片就会与原图像出现色偏。

❑ **分辨率**

用于印刷输出的图像分辨率一般需要在 300～600dpi（像素/英寸）之间。

❑ **图像尺寸**

对于印刷输出的图像，还需要考虑到图像的"出血"问题。在制作图像之前，需要在宽度和高度上都多出 3mm 左右，以便做成最终成品时不会因为边缘而被裁去部分图像从而失去原有的图像效果。也就是说，如果厂家要求设计一个 121mm×121mm 的光盘封面，那么在设计图像时就应该将尺寸设计成 127mm×127mm。

13.3　网络输出

Photoshop 中的图像除了可以用于印刷外，还可以用于网络输出，也就是将图像发布于网上。这时在制作过程中就需要注意与印刷图像相同的问题，比如文件格式一般采用 JPEG、GIF 或者 PNG 格式；而颜色模式一般使用 RGB 模式即可；网络图像的分辨率采用屏幕分辨率——72dpi，或者更低一些。

13.3.1　网页安全颜色

网页安全颜色是指在不同硬件环境、不同操作系统、不同浏览器中都能够正常显示的颜色集合。它是浏览器使用的 216 种颜色，与平台无关。在 8 位屏幕上显示颜色时，浏览器将图像中的所有颜色更改成这些颜色。使用网页安全颜色进行网页配色可以避免原有的颜色失真问题，而在 Photoshop 拾色器中可以直接选择网页安全颜色，方法是在该对话框中启用【只有 Web 颜色】选项即可，如图 13-27 所示。

只有在前期创作时就使用网页安全颜色，才会避免后期进行优化或进行其他操作时损失太多的颜色，保持输出的图像与前期制作的图像颜色一致。

图 13-27　显示网页安全颜色

在【拾色器】对话框中选取颜色时，如果禁用【只有 Web 颜色】复选框，则【拾色器】对话框中的该颜色矩形旁边会显示一个警告立方体，单击该警告立方体，可以选择最接近的 Web 颜色。

通过【颜色】调板也可以选择网络安全颜色。单击【颜色】调板右上角的三角按钮，从弹出的调板菜单中选择【建立 Web 安全曲线】选项，然后在颜色滑块中拾取的颜色都是适用于网络的颜色。也可以选择【Web 颜色滑块】选项，在拖动 Web 颜色滑块时，该滑块紧贴着 Web 安全颜色，如图 13-28 所示。

图 13-28　在【颜色】调板中
**　　　　显示网页安全颜色**

> **提　示**
>
> 如果要滑过 Web 安全颜色中间区域，可以在拖动滑块时按住 Alt 键。

13.3.2 制作切片

如果用于网络输出的图片太大，可在图片中添加切片，将一张大图划分为若干个小图，以便打开网页时，大图会分块逐步显示，缩短等待图片显示的时间。使用【切片工具】在图像中绘制，可添加切片。

打开图像，使用【切片工具】在图像中单击并拖动鼠标以创建切片，也可以在工具选项栏的【样式】下拉列表框中选择【固定长宽比】或【固定大小】选项，并在【宽度】和【高度】参数栏中输入参数，来创建切片，如图 13-29 所示。

创建切片完成后，可以通过【切片选择工具】单击或拖动切片，调整切片的大小和位置。

图 13-29　创建切片

13.3.3 优化图像

考虑到网速等原因，上传的图片不能太大，这时就需要对 Photoshop 创建的图像进行优化，通过限制图像颜色等方法来压缩图像的大小。

执行【文件】|【存储为 Web 和设备所用格式】命令（快捷键 Alt+Shift+Ctrl+S），打开该对话框，如图 13-30 所示，使用该对话框可以实现优化和预览图稿。

图 13-30　【存储为 Web 和设备所用格式】对话框

在该对话框中，位于左侧的是预览图像窗口，在该窗口中包含 4 个选项卡，它们的功能如表 13-1 所示；而位于右侧的是用于设置切片图像仿色的选项。

表 13-1　4 个选项卡的功能

名　　称	功　　能
原稿	单击该选项卡，可以显示没有优化的图像
优化	单击该选项卡，可以显示应用了当前优化设置的图像
双联	单击该选项卡，可以并排显示原稿和优化过的图像
四联	单击该选项卡，可以并排显示 4 个图像，左上方为原稿，单击其他任意一个图像可为其设置一种优化方案，以同时对比相互之间的差异并选择最佳的方案

通常，如果图像包含的颜色多于显示器能显示的颜色，那么浏览器将会通过混合它能显示的颜色，来对它不能显示的颜色进行仿色或靠近。用户可以从【预设】下拉列表中选择仿色选项，在该下拉列表中包含 12 个预设的仿色格式，选择的参数值越高，优化后的图像质量就越高，能显示的颜色就越接近图像的原有颜色。

最后，单击【存储】按钮，在弹出的【将优化结果存储为】对话框中设置【保存类型】选项，单击【保存】按钮即可将图像保存，如图 13-31 所示。

图 13-31　保存图像

13.4　思考与练习

一、填空题

1. 除了一些常见的颜色模式，在日常工作中还会遇见一些特殊的颜色模式，如图灰度、_____等颜色模式。

2. 在各种颜色模型中，_____具有最宽的色域，包括 RGB 和 CMYK 色域中的所有颜色。

3. 在 Photoshop 中，常用的颜色调整命令是_____和【曲线】命令，来进行调整修饰。

4. 在要打印图像时，可以执行打印命令进行打印外，还可以按_____键来进行打印。

5. 在选择网页安全颜色，可以在【拾色器】对话框中选取颜色，还可以通过_____调板来进行选择网页安全颜色。

二、选择题

1. 索引颜色模式通常只有 RGB 模式图像大小的_____。
　　A．1/5　　　　　B．1/3
　　C．1/4　　　　　D．1/2

2. 将_____模式的彩色图像转变为灰度模式，则颜色不能恢复。
　　A．RGB　　　　　B．Lab
　　C．HSB　　　　　D．CMYK

3. Lab 色域最广，是一种常用的色彩模式。其中，L 代表亮度，a 代表从绿色到红色，b 代表从_____。
　　A．蓝色到黄色
　　B．黄色到蓝色
　　C．红色到蓝色

D．绿色到黄色

4．用于印刷输出的图像一般需要分辨率在_____。

    A．300dpi（像素/英寸）～400dpi 之间

    B．200dpi（像素/英寸）～600dpi 之间

    C．300dpi（像素/英寸）～600dpi 之间

    D．200dpi（像素/英寸）～400dpi 之间

5．在对图像进行优化时，按_____键打开【存储为 Web 和设备所用格式】对话框。

    A．Alt+Shift+Ctrl+S

    B．Ctrl+Shift+S

    C．Alt+Ctrl+S

    D．Ctrl+Shift+Alt+F

三、问答题

1．特殊颜色模式有几种？

2．简要说明颜色模式转换的几种方式？

3．颜色存在问题的图片，如何进行调整？

4．简要说明【打印】对话框中重要的选项及功能？

5．如何运用切片，来裁切图像？

四、上机练习

1．将灰度转换为 Lab 模式

Lab 模式所定义的色彩最多，且与光线及设备无关并且处理速度与 RGB 模式同样快，比 CMYK 模式快很多。可以放心在图像编辑中使用 Lab 模式，将灰度图像转换为 Lab 模式，如图 13-32 所示。

2．制作切片

网页中的图像一般情况下，都是使用小尺寸的图像，如果一幅图像的尺寸过大，那么就需要使用【切片工具】 ，将其裁切为小尺寸图像，如图 13-33 所示。

图 13-32　将灰度转换为 Lab 模式

图 13-33　创建切片